수학과 교육과정에서 초등학교 수학 내용은 '수와 연산', '도형', '측정', '규칙성', '자료와 가능성'의 5개 영역으로 구성되는데, 우리가 이 교재에서 다룰 영역은 '도형·측정'입니다.

'도형' 영역에서는 평면도형과 입체도형의 개념, 구성요소, 성질과 공간감각을 다룹니다. 평면도형이나 입체도형의 개념과 성질에 대한 이해는 실생활 문제를 해결하는 데 기초가 되며, 수학의 다른 영역의 개념과 밀접하게 관련되어 있습니다. 또한 도형을 다루는 경험으로부터 비롯되는 공간감각은 수학적 소양을 기르는 데 도움이 됩니다.

'측정' 영역에서는 시간, 길이, 들이, 무게, 각도, 넓이, 부피 등 다양한 속성의 측정과 어림을 다룹니다. 우리 생활 주변의 측정 과정에서 경험하는 양의 비교, 측정, 어림은 수학 학습을 통해 길러야 할 중요한 기능이고, 이는 실생활이나 타 교과의 학습에서 유용하게 활용되며, 또한 측정을 통해 길러지는 양감은 수학적 소양을 기르는 데 도움이 됩니다.

이 책의 특징

1. 부족한 부분에 대한 집중 연습이 가능

도형·측정 영역은 직관적으로 쉽다고 느끼는 아이들도 있지만, 많은 아이들이 수·연산 영역에 비해 많이 어려워합니다.

길이, 무게, 넓이 등의 여러 속성을 비교하거나 어림해야 할 때는 섬세한 양감능력이 필요하고, 입체도형의 겉넓이나 부피를 구해야 할 때는 도형의 속성, 전개도의 이해는 물론 계산능력까지도 필요합니다. 도형을 돌리거나 뒤집는 대칭이동을 알아볼 때는 실제 해본 경험을 토대로 하여 형성된 추론능력이 필요하기도 합니다.

다른 여러 영역에 비해 도형·측정 영역은 이렇게 종합적이고 논리적인 사고와 직관력을 동시에 필요로 하기 때문에 문제 상황에 익숙해지기까지는 당황스러울 수밖에 없습니다. 하지만 절대 걱정할 필요가 없습니다.

기초부터 차근차근 쌓아 올라가야만 다른 단계로의 확장이 가능한 수·연산 등 다른 영역과 달리, 도형·측정 영역은 각각의 내용들이 독립성 있는 경우가 대부분이어서 부족한 부분만 집중 연습해도 충분히 그 부분의 완성도 있는 학습이 가능하기 때문입니다.

이번에 기탄에서 출시한 기탄영역별수학 도형·측정편으로 부족한 부분을 선택하여 집중적으로 연습해 보세요. 원하는 만큼 실력과 자신감이 쑥쑥 향상됩니다.

2. 학습 부담 없는 알맞은 분량

내게 부족한 부분을 선택해서 집중 연습하려고 할 때, 그 부분의 학습 분량이 너무 많으면 부담 때문에 시작하기조차 힘들 수 있습니다.

무조건 문제 수가 많은 것보다 학습의 흥미도를 떨어뜨리지 않는 범위 내에서 필요한 만큼 충분한 양일 때 학습효과가 가장 좋습니다.

기탄영역별수학 도형·측정편은 다루어야 할 내용을 세분화하여, 한 가지 내용에 대한 학습량도 권당 80쪽, 쪽당 문제 수도 3~8문제 정도로 여유 있게 배치하여 학습 부담을 줄이고 학습효과는 높였습니다.

학습자의 상태를 가장 많이 고민한 책, 기탄영역별수학 도형·측정편으로 미루어 두었던 수학에의 도전을 시작해 보세요.

★ 본 학습

제목을 통해 이번 차시에서 학습해야 할 내용이 무엇인지 짚어 보고, 그것을 익히기 위한 최적화된 연습문제를 반복해서 집중적으로 풀어 볼 수 있습니다.

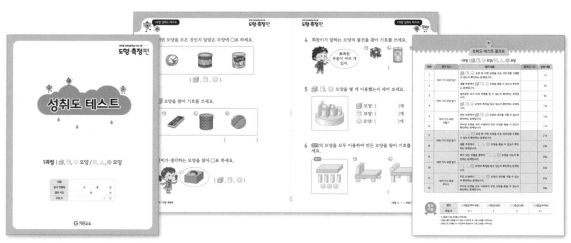

★ 성취도 테스트

성취도 테스트는 본문에서 집중 연습한 내용을 최종적으로 한번 더 확인해 보는 문제들로 구성되어 있습니다. 성취도 테스트를 풀어 본 후, 결과표에 내가 맞은 문제인지 틀린 문제인지 체크를 해가며 각각의 문항을 통해 성취해야 할 학습목표와 학습내용을 짚어 보고, 성취된 부분과 부족한 부분이 무엇인지 확인합니다.

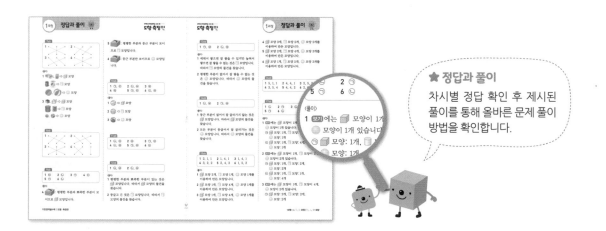

★ 정답과 풀이

차시별 정답 확인 후 제시된 풀이를 통해 올바른 문제 풀이 방법을 확인합니다.

기탄영역별수학
도형·측정편

다각형의 둘레와 넓이

14
과정

기초부터 탄탄하게
기탄교육

차례
contents

다각형의 둘레와 넓이

도형·측정편

1a

정다각형의 둘레 구하기

🐸 정다각형의 둘레 구하기 ①

★ 정다각형의 둘레를 구하려고 합니다. ☐ 안에 알맞은 수를 써넣으세요.

1

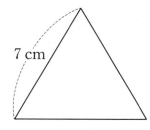

7 cm

$\boxed{7} + \boxed{7} + \boxed{7} = \boxed{21}$ (cm)

$\boxed{7} \times \boxed{3} = \boxed{21}$ (cm)

정삼각형의 변의 길이를
모두 더하면
'7+7+7=21 (cm)'
이므로, 이 정삼각형의
둘레는 21 cm입니다.

정다각형의 둘레는
'한 변의 길이×변의 수'
로 구할 수 있으므로,
이 정삼각형의 둘레는
7×3=21 (cm)입니다.

2

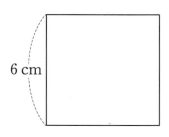

6 cm

$\boxed{} + \boxed{} + \boxed{} + \boxed{} = \boxed{}$ (cm)

$\boxed{} \times \boxed{} = \boxed{}$ (cm)

3

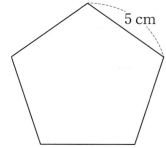

5 cm

$\boxed{} + \boxed{} + \boxed{} + \boxed{} + \boxed{} = \boxed{}$ (cm)

$\boxed{} \times \boxed{} = \boxed{}$ (cm)

★ 정다각형의 둘레를 구하려고 합니다. ☐ 안에 알맞은 수를 써넣으세요.

4

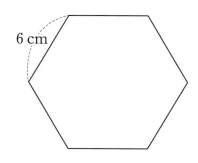

6 cm

☐ × ☐ = ☐ (cm)

5

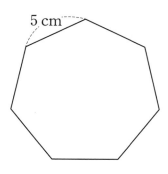

5 cm

☐ × ☐ = ☐ (cm)

정다각형의 둘레는
'한 변의 길이×변의 수'
로 구할 수 있습니다.

6

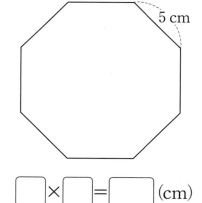

5 cm

☐ × ☐ = ☐ (cm)

7

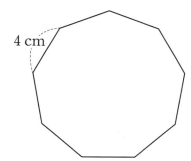

4 cm

☐ × ☐ = ☐ (cm)

영역별 반복집중학습 프로그램

정다각형의 둘레 구하기

도형·측정편

2a

이름 :

날짜 :

시간 :   :   ~   :

🐸 **정다각형의 둘레 구하기 ②**

★ 정다각형의 둘레를 구해 보세요.

1

8 cm

☐ cm

2

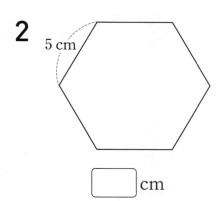

5 cm

☐ cm

3

3 cm

☐ cm

4

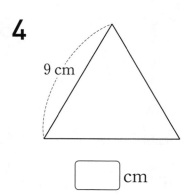

9 cm

☐ cm

14과정 다각형의 둘레와 넓이

영역별 반복집중학습 프로그램

★ 정다각형의 둘레를 구해 보세요.

5

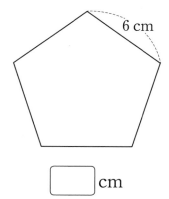

6 cm

☐ cm

6

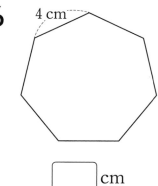

4 cm

☐ cm

7

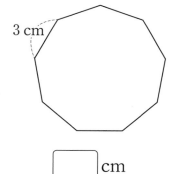

3 cm

☐ cm

8

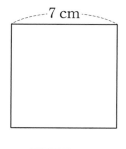

7 cm

☐ cm

도형·측정편

3a

정다각형의 둘레 구하기

이름 :

날짜 :

시간 :   :   ~   :

🐸 정다각형의 한 변의 길이 구하기

★ 정다각형을 보고 ▢ 안에 알맞은 수를 써넣으세요.

1

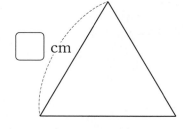

둘레 18 cm

2

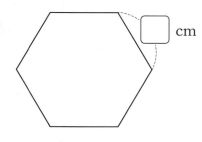

둘레 18 cm

정다각형의 한 변의 길이는
'(둘레)÷(변의 수)'
로 구할 수 있습니다.

3

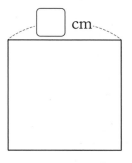

둘레 20 cm

4

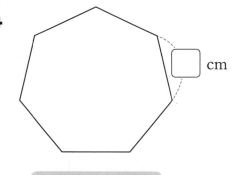

둘레 21 cm

★ 정다각형을 보고 ☐ 안에 알맞은 수를 써넣으세요.

5 ☐ cm

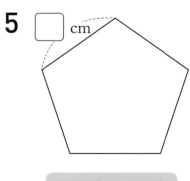

둘레 20 cm

6 ☐ cm

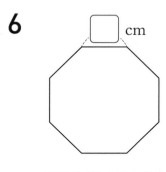

둘레 16 cm

7 ☐ cm

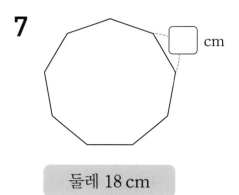

둘레 18 cm

8

☐ cm

둘레 15 cm

사각형의 둘레 구하기

이름 :

날짜 :

시간 :   :   ~   :

🐸 **직사각형의 둘레 구하기**

★ 직사각형의 둘레를 구하려고 합니다. ☐ 안에 알맞은 수를 써넣으세요.

1

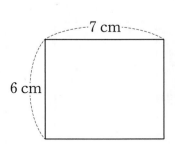

7 cm

6 cm

(7 + 6) × 2 = 26 (cm)

2

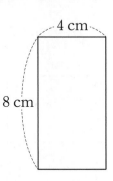

4 cm

8 cm

(☐ + ☐) × 2 = ☐ (cm)

직사각형의 둘레는
'(가로＋세로)×2'
로 구할 수 있습니다.

3

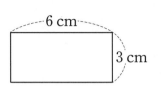

6 cm

3 cm

(☐ + ☐) × 2 = ☐ (cm)

4

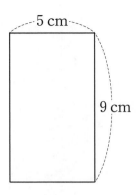

5 cm

9 cm

(☐ + ☐) × 2 = ☐ (cm)

★ 직사각형의 둘레를 구해 보세요.

5

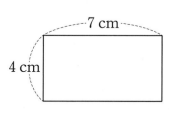

7 cm

4 cm

☐ cm

6

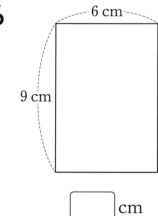

6 cm

9 cm

☐ cm

7

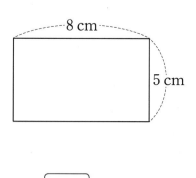

8 cm

5 cm

☐ cm

8

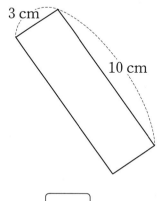

3 cm

10 cm

☐ cm

사각형의 둘레 구하기

이름 :
날짜 :
시간 :   :   ~   :

🐸 평행사변형의 둘레 구하기

★ 평행사변형의 둘레를 구하려고 합니다. ☐ 안에 알맞은 수를 써넣으세요.

1

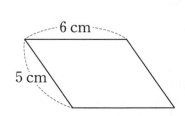

6 cm
5 cm

$(\boxed{6} + \boxed{5}) \times 2 = \boxed{22}$ (cm)

2

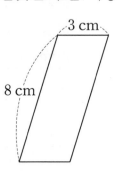

3 cm
8 cm

$(\boxed{} + \boxed{}) \times 2 = \boxed{}$ (cm)

평행사변형의 둘레는
'(한 변의 길이＋다른 한 변의 길이)×2'
로 구할 수 있습니다.

3

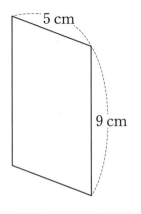

5 cm
9 cm

$(\boxed{} + \boxed{}) \times 2 = \boxed{}$ (cm)

4

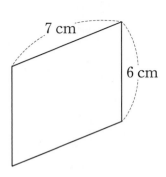

7 cm
6 cm

$(\boxed{} + \boxed{}) \times 2 = \boxed{}$ (cm)

★ 평행사변형의 둘레를 구해 보세요.

5

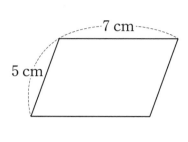

7 cm

5 cm

☐ cm

6

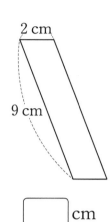

2 cm

9 cm

☐ cm

7

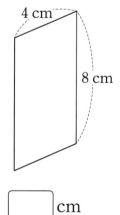

4 cm

8 cm

☐ cm

8

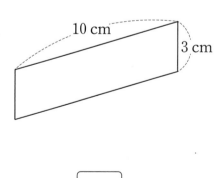

10 cm

3 cm

☐ cm

사각형의 둘레 구하기

이름 :

날짜 :

시간 :   :   ~   :

🐸 마름모의 둘레 구하기

★ 마름모의 둘레를 구하려고 합니다. ☐ 안에 알맞은 수를 써넣으세요.

1

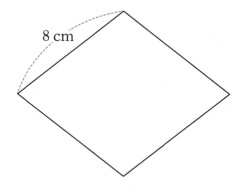

8 cm

8 × 4 = 32 (cm)

마름모의 둘레는
'한 변의 길이×4'
로 구할 수 있습니다.

2

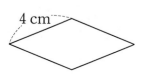

4 cm

☐ × ☐ = ☐ (cm)

3

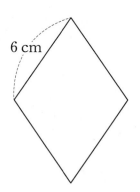

6 cm

☐ × ☐ = ☐ (cm)

4

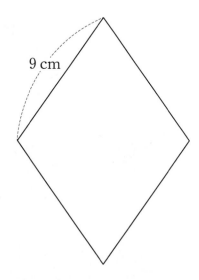

9 cm

☐ × ☐ = ☐ (cm)

★ 마름모의 둘레를 구해 보세요.

5

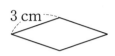

3 cm

⬜ cm

6

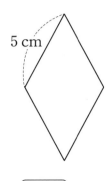

5 cm

⬜ cm

7

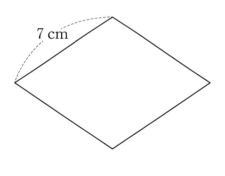

7 cm

⬜ cm

8

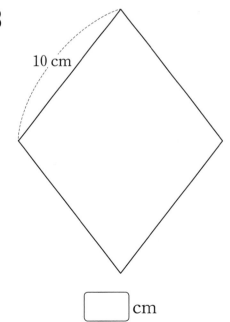

10 cm

⬜ cm

사각형의 둘레 구하기

이름 :

날짜 :

시간 :   :   ~   :

🐸 사각형의 변의 길이 구하기

★ 직사각형을 보고 ▢ 안에 알맞은 수를 써넣으세요.

1

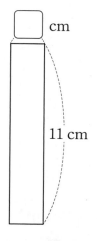

▢ cm

11 cm

둘레 26 cm

2

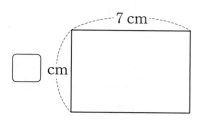

7 cm

▢ cm

둘레 24 cm

3

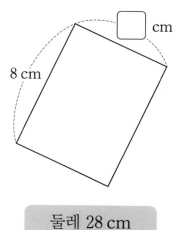

▢ cm

8 cm

둘레 28 cm

4

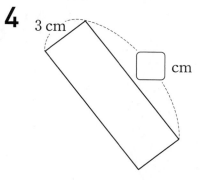

3 cm

▢ cm

둘레 24 cm

★ 평행사변형을 보고 ☐ 안에 알맞은 수를 써넣으세요.

5

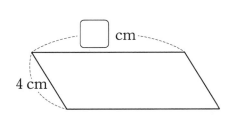

☐ cm

4 cm

둘레 26 cm

6

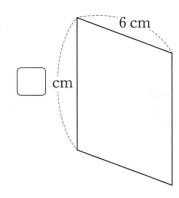

6 cm

☐ cm

둘레 28 cm

★ 마름모를 보고 ☐ 안에 알맞은 수를 써넣으세요.

7

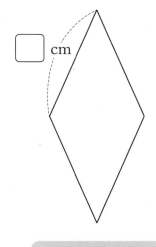

☐ cm

둘레 28 cm

8

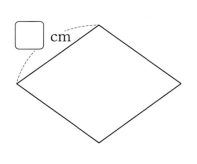

☐ cm

둘레 24 cm

영역별 반복집중학습 프로그램

도형·측정편

8a

$1\,cm^2$ 알아보기

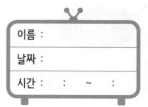

이름 :

날짜 :

시간 :   :   ~   :

🐸 cm^2 읽고 쓰기

★ 넓이를 바르게 읽어 보세요.

1 ┌─────────────┐
       │ $4\,cm^2$ │
       └─────────────┘

⇨ **읽기** (4 제곱센티미터   )

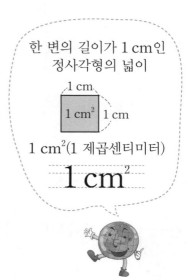

한 변의 길이가 1 cm인
정사각형의 넓이

1 cm

1 cm² 1 cm

$1\,cm^2$(1 제곱센티미터)

$1\,cm^2$

2 ┌─────────────┐
       │ $6\,cm^2$ │
       └─────────────┘

⇨ **읽기** (   )

3 ┌─────────────┐
       │ $7\,cm^2$ │
       └─────────────┘

⇨ **읽기** (   )

4 ┌─────────────┐
       │ $9\,cm^2$ │
       └─────────────┘

⇨ **읽기** (   )

14과정 다각형의 둘레와 넓이

★ 넓이를 바르게 써 보세요.

5 2 제곱센티미터

⇨ **쓰기**   2 cm²

6 3 제곱센티미터

⇨ **쓰기**

7 5 제곱센티미터

⇨ **쓰기**

8 8 제곱센티미터

⇨ **쓰기**

$1\,\text{cm}^2$ 알아보기

이름 :
날짜 :
시간 :   :   ~   :

🐸 $1\,\text{cm}^2$를 이용하여 도형의 넓이 구하기

★ 도형의 넓이를 구하려고 합니다. ☐ 안에 알맞은 수를 써넣으세요.

1

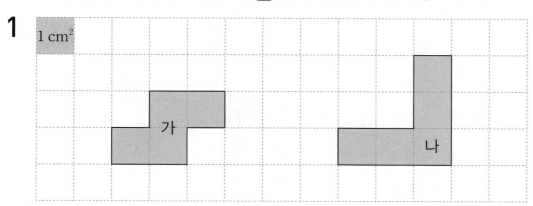

(1) 도형 가는 $\boxed{1\,\text{cm}^2}$가 ☐ 개 ⇨ 도형 가의 넓이 ☐ cm^2

(2) 도형 나는 $\boxed{1\,\text{cm}^2}$가 ☐ 개 ⇨ 도형 나의 넓이 ☐ cm^2

2 도형 다와 라의 넓이를 구해 보세요.

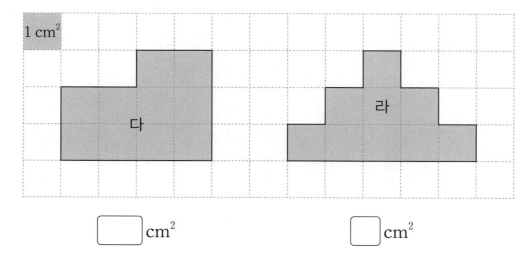

☐ cm^2 ☐ cm^2

3 넓이가 6 cm²인 도형을 모두 찾아 기호를 써 보세요.

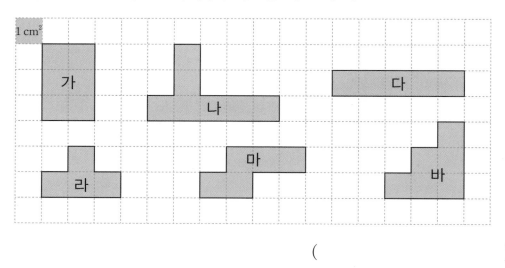

(   )

4 넓이가 7 cm²인 도형을 모두 찾아 기호를 써 보세요.

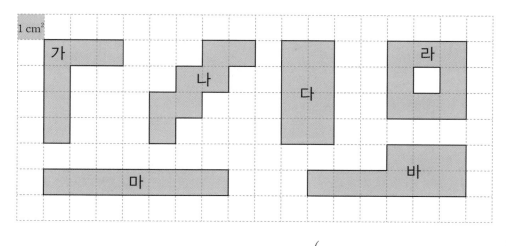

(   )

도형·측정편

10a

직사각형의 넓이 구하기

이름 :

날짜 :

시간 :   :   ~   :

🐸 직사각형 넓이의 개념 알아보기

1 $1\,cm^2$ 를 이용하여 직사각형의 넓이를 구하려고 합니다. ◻ 안에 알맞은 수를 써넣으세요.

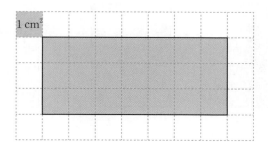

(1) $1\,cm^2$ 가 직사각형의 가로에 ◻ 개, 세로에 ◻ 개 있습니다.

(2) 직사각형의 넓이는 ◻ × ◻ = ◻ (cm^2)입니다.

2 $1\,cm^2$ 를 이용하여 정사각형의 넓이를 구하려고 합니다. ◻ 안에 알맞은 수를 써넣으세요.

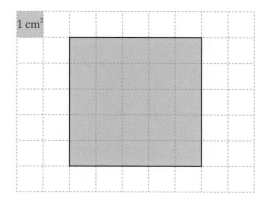

(1) $1\,cm^2$ 가 정사각형의 가로, 세로에 각각 ◻ 개 있습니다.

(2) 정사각형의 넓이는 ◻ × ◻ = ◻ (cm^2)입니다.

영역별 반복집중학습 프로그램

3 ▨1 cm² 를 이용하여 직사각형의 넓이를 구하려고 합니다. 표를 완성해 보세요.

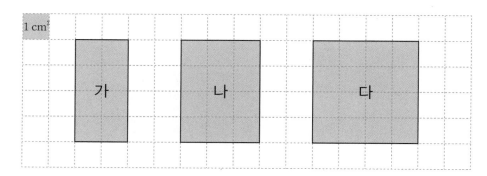

직사각형	가	나	다
가로(cm)	2		
세로(cm)		4	
넓이(cm^2)			

4 3번을 보고 직사각형의 넓이를 구하는 방법을 '가로'와 '세로'를 사용하여 식으로 나타내어 보세요.

(직사각형의 넓이)=(　　　)×(　　　)

5 3번을 보고 정사각형의 넓이를 간단하게 구하는 방법을 식으로 나타내어 보세요.

(정사각형의 넓이)=(가로)×(세로)

=(한 변의 길이)×(　　　　　　)

기탄영역별수학 | 도형·측정편

도형·측정편

11a

직사각형의 넓이 구하기

이름 :

날짜 :

시간 :　　:　　~　　:

🐸 직사각형의 넓이 구하기

★ 직사각형의 넓이를 구하려고 합니다. ☐ 안에 알맞은 수를 써넣으세요.

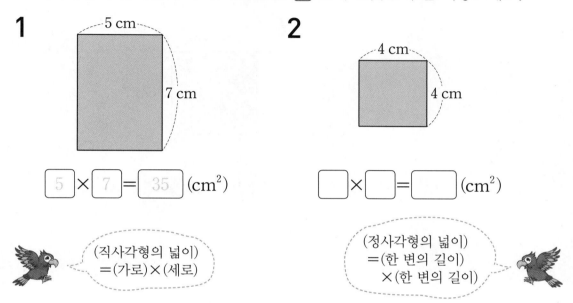

1

5 cm

7 cm

$\boxed{5} \times \boxed{7} = \boxed{35}$ (cm²)

(직사각형의 넓이)
=(가로)×(세로)

2

4 cm

4 cm

$\boxed{} \times \boxed{} = \boxed{}$ (cm²)

(정사각형의 넓이)
=(한 변의 길이)
×(한 변의 길이)

★ 직사각형의 넓이를 구해 보세요.

3

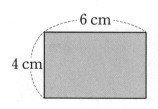

6 cm

4 cm

$\boxed{}$ cm²

4

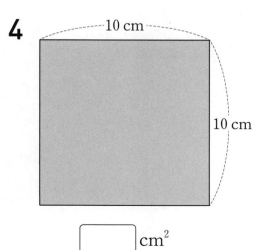

10 cm

10 cm

$\boxed{}$ cm²

★ 직사각형의 넓이를 구해 보세요.

5

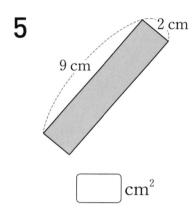

2 cm
9 cm

☐ cm^2

6

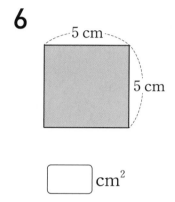

5 cm
5 cm

☐ cm^2

7

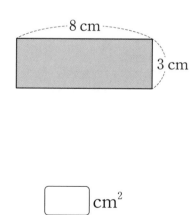

8 cm
3 cm

☐ cm^2

8

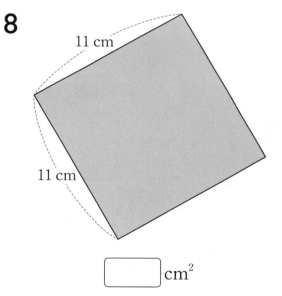

11 cm
11 cm

☐ cm^2

도형·측정편
12a

직사각형의 넓이 구하기

이름 :

날짜 :

시간 : : ~ :

🐸 직사각형의 가로와 세로 구하기

★ 직사각형의 가로와 세로를 구해 보세요.

1

☐ cm

9 cm

넓이 27 cm²

2

7 cm

☐ cm

넓이 42 cm²

3

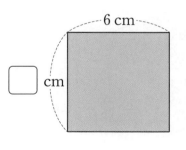

6 cm

☐ cm

넓이 36 cm²

4

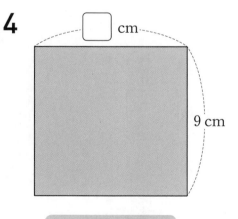

☐ cm

9 cm

넓이 81 cm²

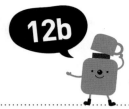

영역별 반복집중학습 프로그램

★ 직사각형의 가로와 세로를 구해 보세요.

5

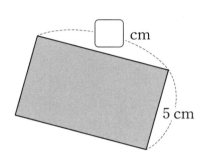

☐ cm

5 cm

넓이 40 cm^2

6

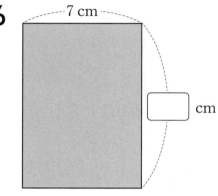

7 cm

☐ cm

넓이 70 cm^2

7

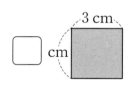

3 cm

☐ cm

넓이 9 cm^2

8

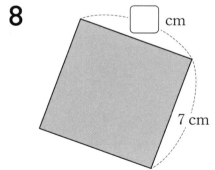

☐ cm

7 cm

넓이 49 cm^2

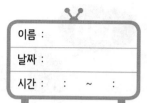

$1\,m^2,\,1\,km^2$ 알아보기

이름 :

날짜 :

시간 :　　:　　~　　:

🐸 m^2, km^2 읽고 쓰기

★ 넓이를 바르게 읽어 보세요.

1 | $2\,m^2$ |

⇨ **읽기** (　　　　2 제곱미터　　　　)

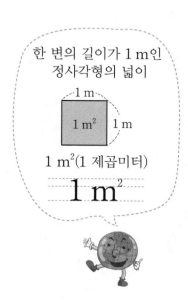

한 변의 길이가 1 m인 정사각형의 넓이

1 m

$1\,m^2$　1 m

$1\,m^2$(1 제곱미터)

$1\,m^2$

2 | $7\,m^2$ |

⇨ **읽기** (　　　　　　　　　)

3 | $5\,km^2$ |

⇨ **읽기** (　　　5 제곱킬로미터　　　)

한 변의 길이가 1 km인 정사각형의 넓이

1 km

$1\,km^2$　1 km

$1\,km^2$(1 제곱킬로미터)

$1\,km^2$

4 | $9\,km^2$ |

⇨ **읽기** (　　　　　　　　　)

영역별 반복집중학습 프로그램

★ 넓이를 바르게 써 보세요.

5

3 제곱미터

⇨ **쓰기** 3 m^2

6

8 제곱미터

⇨ **쓰기**

7

4 제곱킬로미터

⇨ **쓰기** 4 km^2

8

6 제곱킬로미터

⇨ **쓰기**

$1\,\text{m}^2, 1\,\text{km}^2$ 알아보기

이름 :

날짜 :

시간 :   :   ~   :

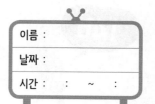

🐸 cm^2와 m^2, m^2와 km^2 사이의 관계

★ ☐ 안에 알맞은 수를 써넣으세요.

1 $3\,\text{m}^2 = \boxed{30000}\,\text{cm}^2$

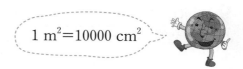

$1\,\text{m}^2 = 10000\,\text{cm}^2$

2 $6\,\text{m}^2 = \boxed{}\,\text{cm}^2$

3 $7\,\text{m}^2 = \boxed{}\,\text{cm}^2$

4 $9\,\text{m}^2 = \boxed{}\,\text{cm}^2$

5 $20000\,\text{cm}^2 = \boxed{2}\,\text{m}^2$

6 $40000\,\text{cm}^2 = \boxed{}\,\text{m}^2$

7 $50000\,\text{cm}^2 = \boxed{}\,\text{m}^2$

8 $80000\,\text{cm}^2 = \boxed{}\,\text{m}^2$

★ ☐ 안에 알맞은 수를 써넣으세요.

9   2 km^2 = | 2000000 | m^2

$1 \ km^2 = 1000000 \ m^2$

10   4 km^2 = [   ] m^2

11   7 km^2 = [   ] m^2

12   8 km^2 = [   ] m^2

13   3000000 m^2 = [3] km^2

14   5000000 m^2 = [   ] km^2

15   6000000 m^2 = [   ] km^2

16   9000000 m^2 = [   ] km^2

$1\,m^2$, $1\,km^2$ 알아보기

이름 :

날짜 :

시간 :   :   ~   :

🐸 직사각형의 넓이 구하기

★ 직사각형의 넓이를 구해 보세요.

1

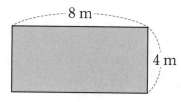

8 m

4 m

☐ m^2

☐ cm^2

2

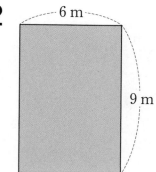

6 m

9 m

☐ m^2

☐ cm^2

3

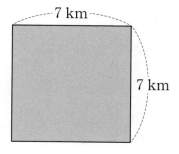

7 km

7 km

☐ km^2

☐ m^2

4

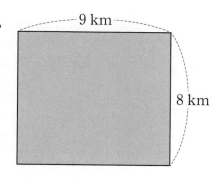

9 km

8 km

☐ km^2

☐ m^2

영역별 반복집중학습 프로그램

★ 직사각형의 넓이를 구해 보세요.

5

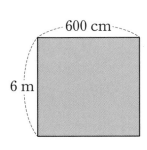

600 cm

6 m

☐ m²

6

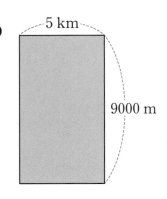

5 km

9000 m

☐ km²

7

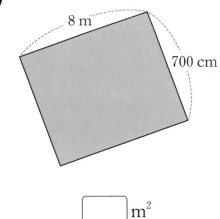

8 m

700 cm

☐ m²

8

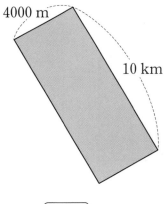

4000 m

10 km

☐ km²

도형·측정편

16a

$1\,\mathrm{m}^2, 1\,\mathrm{km}^2$ 알아보기

넓이 비교

★ 넓이가 더 넓은 것의 기호를 써 보세요.

1   ㉠ $100\,\mathrm{cm}^2$ ㉡ $10\,\mathrm{m}^2$

(   )

2   ㉠ $50000\,\mathrm{cm}^2$ ㉡ $3\,\mathrm{m}^2$

(   )

3   ㉠ $7000\,\mathrm{cm}^2$ ㉡ $6\,\mathrm{m}^2$

(   )

4   ㉠ $100000\,\mathrm{cm}^2$ ㉡ $2\,\mathrm{m}^2$

(   )

5   ㉠ $40000\,\mathrm{cm}^2$ ㉡ $8\,\mathrm{m}^2$

(   )

영역별 반복집중학습 프로그램

★ 넓이가 더 넓은 것의 기호를 써 보세요.

6 ㉠ 200 m²   ㉡ 30 km²

(   )

7 ㉠ 5000000 m²   ㉡ 4 km²

(   )

8 ㉠ 70000000 m²   ㉡ 8 km²

(   )

9 ㉠ 60000 m²   ㉡ 6 km²

(   )

10 ㉠ 3500000 m²   ㉡ 5 km²

(   )

$1\,m^2, 1\,km^2$ 알아보기

이름 :

날짜 :

시간 :　　:　　~　　:

🐸 **알맞은 단위 쓰기**

★ 보기 에서 알맞은 단위를 골라 ☐ 안에 써넣으세요.

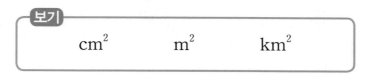

보기

cm^2　　　　m^2　　　　km^2

1　지우개의 넓이는 9 ☐ 입니다.

2　지혜 방의 넓이는 12 ☐ 입니다.

3　서울특별시의 넓이는 605 ☐ 입니다.

4　유도 경기장의 넓이는 196 ☐ 입니다.

5　대한민국 땅의 넓이는 100411 ☐ 입니다.

6　수학책의 넓이는 567 ☐ 입니다.

7　농구 경기장의 넓이는 420 ☐ 입니다.

14과정 다각형의 둘레와 넓이

★ 보기 에서 알맞은 단위를 골라 ◯ 안에 써넣으세요.

> 보기
>
> cm^2 m^2 km^2

8 고속 국도 표지판의 넓이는 12 [   ] 입니다.

9 메모지의 넓이는 20 [   ] 입니다.

10 태권도 경기장의 넓이는 144 [   ] 입니다.

11 대전광역시의 넓이는 539 [   ] 입니다.

12 모니터 화면의 넓이는 1500 [   ] 입니다.

13 교실의 넓이는 67 [   ] 입니다.

14 제주특별자치도의 넓이는 1850 [   ] 입니다.

영역별 반복집중학습 프로그램 ──

도형·측정편

18a

평행사변형의 넓이 구하기

이름 :

날짜 :

시간 :　　:　　~　　:

🐸 평행사변형의 밑변, 높이와 넓이의 개념 알아보기

★ 보기 와 같이 평행사변형의 높이를 표시해 보세요.

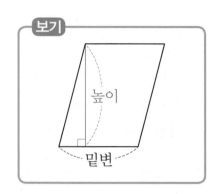

보기

높이

밑변

평행사변형에서 평행한
두 변을 밑변이라 하고,
두 밑변 사이의 거리를
높이라고 합니다.

1

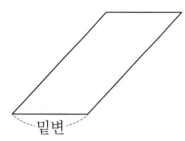

밑변

2

밑변

3

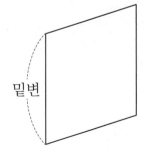

밑변

4

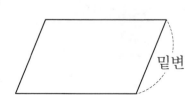

밑변

★ 평행사변형의 넓이를 구하는 과정입니다. 보기 에서 알맞은 말을 골라 ◯ 안에 써넣으세요.

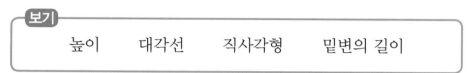

보기

높이   대각선   직사각형   밑변의 길이

5 평행사변형을 잘라서 넓이를 구하는 과정입니다.

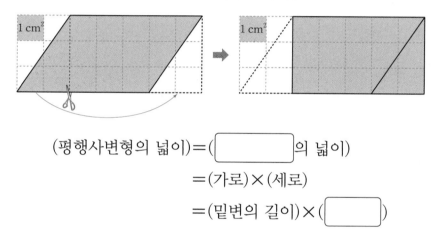

(평행사변형의 넓이)=(◻◻◻의 넓이)

=(가로)×(세로)

=(밑변의 길이)×(◻◻◻)

6 평행사변형을 5번과 다른 방법으로 잘라서 넓이를 구하는 과정입니다.

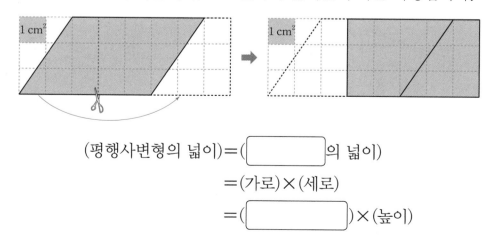

(평행사변형의 넓이)=(◻◻◻의 넓이)

=(가로)×(세로)

=(◻◻◻)×(높이)

평행사변형의 넓이 구하기

🐸 평행사변형의 넓이 구하기 ①

★ 평행사변형의 넓이를 구하려고 합니다. ☐ 안에 알맞은 수를 써넣으세요.

1

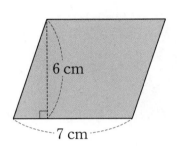

6 cm

7 cm

$\boxed{7} \times \boxed{6} = \boxed{42}$ (cm^2)

2

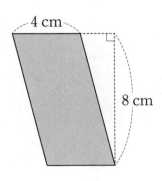

4 cm

8 cm

$\boxed{} \times \boxed{} = \boxed{}$ (cm^2)

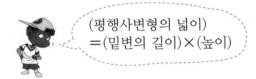

(평행사변형의 넓이)
＝(밑변의 길이)×(높이)

★ 평행사변형의 넓이를 구해 보세요.

3

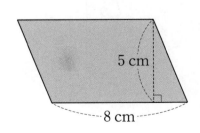

5 cm

8 cm

$\boxed{}$ cm^2

4

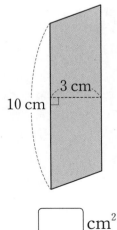

3 cm

10 cm

$\boxed{}$ cm^2

★ 평행사변형의 넓이를 구하려고 합니다. ☐ 안에 알맞은 수를 써넣으세요.

5

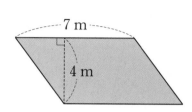

7 m

4 m

☐ × ☐ = ☐ (m²)

6

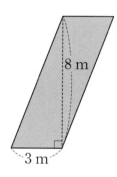

8 m

3 m

☐ × ☐ = ☐ (m²)

★ 평행사변형의 넓이를 구해 보세요.

7

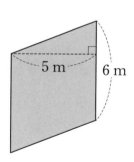

5 m

6 m

☐ m²

8

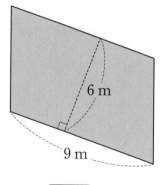

6 m

9 m

☐ m²

평행사변형의 넓이 구하기

🐸 평행사변형의 넓이 구하기 ②

★ 평행사변형의 넓이를 구해 보세요.

1

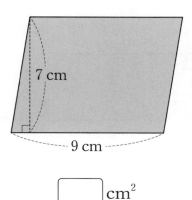

7 cm

9 cm

☐ cm²

2

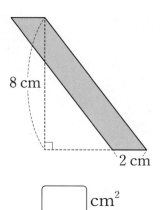

8 cm

2 cm

☐ cm²

3

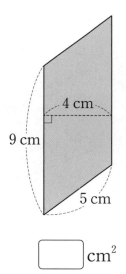

4 cm

9 cm

5 cm

☐ cm²

4

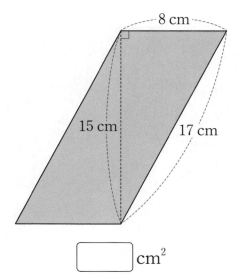

8 cm

15 cm

17 cm

☐ cm²

★ 평행사변형의 넓이를 구해 보세요.

5

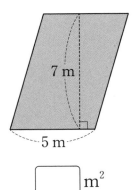

7 m

5 m

☐ m²

6

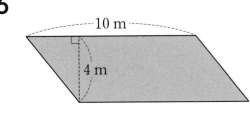

10 m

4 m

☐ m²

7

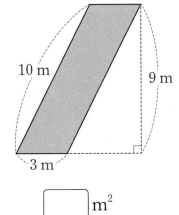

10 m

9 m

3 m

☐ m²

8

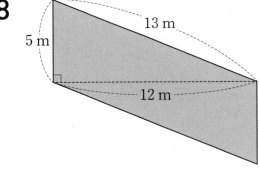

5 m

13 m

12 m

☐ m²

기탄영역별수학 | 도형·측정편

영역별 반복집중학습 프로그램

도형·측정편

21a

평행사변형의 넓이 구하기

이름 :

날짜 :

시간 :   :   ~   :

🐸 평행사변형의 밑변의 길이와 높이 구하기

★ 평행사변형의 밑변의 길이와 높이를 구해 보세요.

1

⬜ cm

6 cm

넓이 54 cm²

2

⬜ cm

4 cm

넓이 24 cm²

3

3 cm

⬜ cm

넓이 21 cm²

4

7 cm

⬜ cm

넓이 70 cm²

14과정 다각형의 둘레와 넓이

영역별 반복집중학습 프로그램

★ 평행사변형의 밑변의 길이와 높이를 구해 보세요.

5

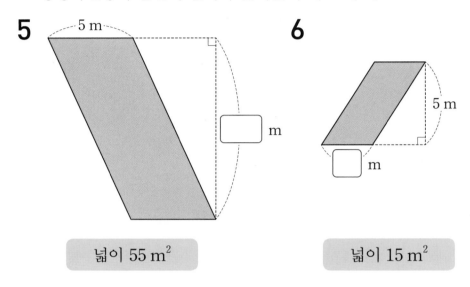

5 m

☐ m

넓이 55 m²

6

5 m

☐ m

넓이 15 m²

7

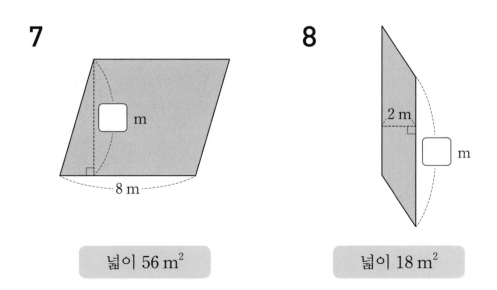

☐ m

8 m

넓이 56 m²

8

2 m

☐ m

넓이 18 m²

영역별 반복집중학습 프로그램

도형·측정편

22a

평행사변형의 넓이 구하기

이름 :

날짜 :

시간 :   :   ~   :

🐸 평행사변형의 넓이 비교하기

★ 밑변의 길이와 높이가 각각 같은 평행사변형의 넓이를 비교해 보세요.

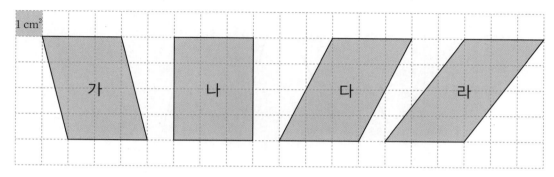

1 아래의 표를 완성해 보세요.

평행사변형	가	나	다	라
밑변의 길이(cm)	3		3	
높이(cm)	4	4		
넓이(cm^2)				

2 평행사변형 가, 나, 다, 라는 넓이가 모두 같은가요, 다른가요?

(   )

3 위의 결과를 보고 알 수 있는 사실을 ▢ 안에 알맞은 말을 써넣어 완성해 보세요.

> 평행사변형은 밑변의 길이와 ▢ 이/가 각각 같으면 모양이 달라도 ▢ 이/가 모두 같습니다.

4 평행사변형의 넓이가 다른 하나를 찾아 기호를 써 보세요.

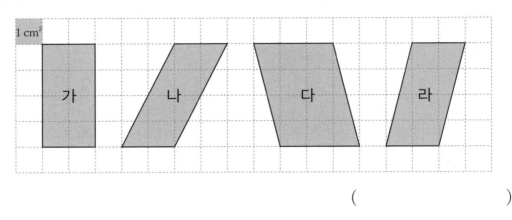

(   )

5 아래에 제시된 평행사변형과 밑변의 길이, 높이, 넓이가 같고 모양이 다른 평행사변형을 1개 그려 보세요.

(1)
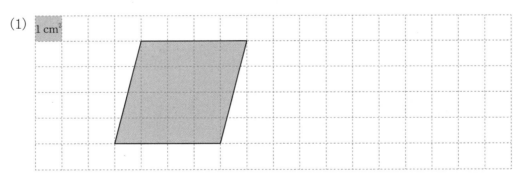

(2)
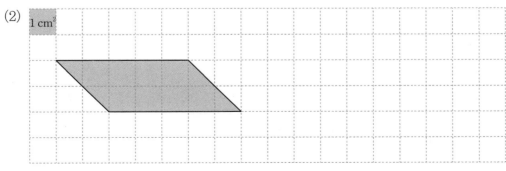

도형·측정편

23a

삼각형의 넓이 구하기

이름 :

날짜 :

시간 :　　:　　~　　:

🐸 삼각형의 밑변, 높이와 넓이의 개념 알아보기

★ 보기 와 같이 삼각형의 높이를 표시해 보세요.

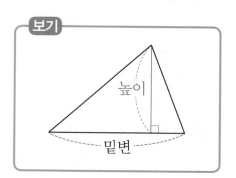

보기

높이

밑변

삼각형에서 어느 한 변을 밑변이라고 하면, 그 밑변과 마주 보는 꼭짓점에서 밑변에 수직으로 그은 선분의 길이를 높이라고 합니다.

1

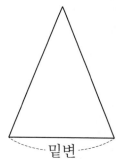

밑변

2

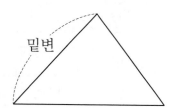

밑변

3

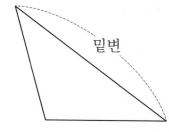

밑변

4

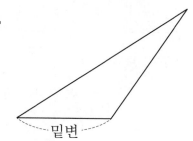

밑변

★ 삼각형의 넓이를 구하는 과정입니다. 보기 에서 알맞은 말을 골라 ☐ 안에 써넣으세요.

> 보기
>
> 밑변의 길이   높이   직사각형   평행사변형

5 삼각형 2개를 이용하여 넓이를 구하는 과정입니다.

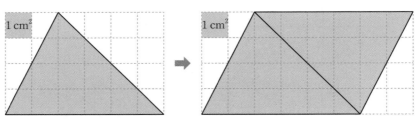

(삼각형의 넓이)=(☐☐☐☐☐☐의 넓이)÷2

　　　　　　=(평행사변형의 밑변의 길이)×(평행사변형의 높이)÷2

　　　　　　=(밑변의 길이)×(☐☐☐)÷2

6 삼각형을 잘라서 넓이를 구하는 과정입니다.

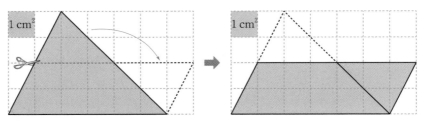

(삼각형의 넓이)=(☐☐☐☐☐☐의 넓이)

　　　　　　=(평행사변형의 밑변의 길이)×(평행사변형의 높이)
　　　　　　　　　　　　　　　　　　　　└─ 삼각형 높이의 반

　　　　　　=(☐☐☐☐☐)×(높이)÷2

도형·측정편

24a

삼각형의 넓이 구하기

🐸 삼각형의 넓이 구하기 ①

★ 삼각형의 넓이를 구하려고 합니다. ☐ 안에 알맞은 수를 써넣으세요.

1

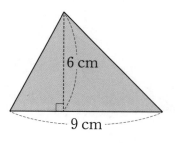

6 cm

9 cm

$9 \times \boxed{6} \div \boxed{2} = \boxed{27}$ (cm^2)

2

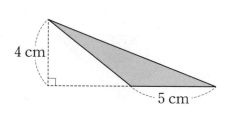

4 cm

5 cm

$\boxed{} \times 4 \div \boxed{} = \boxed{}$ (cm^2)

(삼각형의 넓이)
＝(밑변의 길이)×(높이)÷2

★ 삼각형의 넓이를 구해 보세요.

3

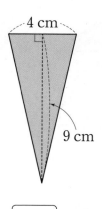

4 cm

9 cm

$\boxed{}$ cm^2

4

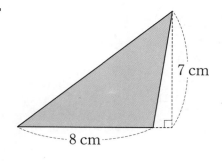

7 cm

8 cm

$\boxed{}$ cm^2

★ 삼각형의 넓이를 구하려고 합니다. ⬜ 안에 알맞은 수를 써넣으세요.

5

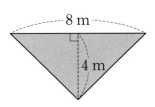

8 m

4 m

$8 \times \boxed{} \div \boxed{} = \boxed{}$ (m²)

6

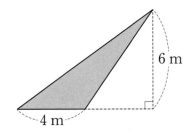

6 m

4 m

$\boxed{} \times 6 \div \boxed{} = \boxed{}$ (m²)

★ 삼각형의 넓이를 구해 보세요.

7

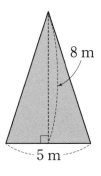

8 m

5 m

$\boxed{}$ m²

8

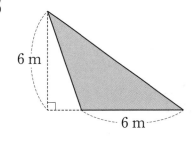

6 m

6 m

$\boxed{}$ m²

기탄영역별수학 | 도형·측정편

삼각형의 넓이 구하기

이름 :

날짜 :

시간 :   :   ~   :

🐸 삼각형의 넓이 구하기 ②

★ 삼각형의 넓이를 구해 보세요.

1

6 cm

5 cm

☐ cm²

2

8 cm   8 cm

☐ cm²

3

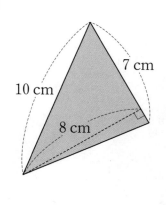

7 cm

10 cm

8 cm

☐ cm²

4

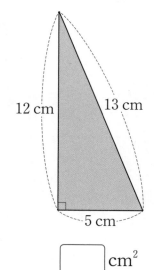

12 cm   13 cm

5 cm

☐ cm²

★ 삼각형의 넓이를 구해 보세요.

5

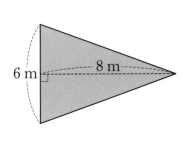

6 m   8 m

$\boxed{}$ m²

6

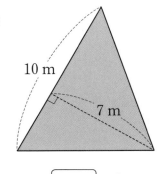

10 m   7 m

$\boxed{}$ m²

7

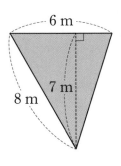

6 m
7 m
8 m

$\boxed{}$ m²

8

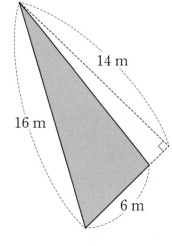

14 m
16 m
6 m

$\boxed{}$ m²

도형·측정편

26a

삼각형의 넓이 구하기

이름 :

날짜 :

시간 :   :   ~   :

🐸 삼각형의 밑변의 길이와 높이 구하기

★ 삼각형의 밑변의 길이와 높이를 구해 보세요.

1

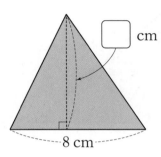

☐ cm

8 cm

넓이 28 cm²

2

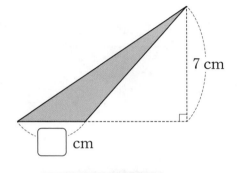

7 cm

☐ cm

넓이 14 cm²

3

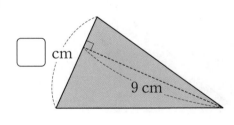

☐ cm

9 cm

넓이 27 cm²

4

3 cm

☐ cm

넓이 15 cm²

★ 삼각형의 밑변의 길이와 높이를 구해 보세요.

5

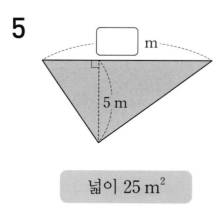

☐ m

5 m

넓이 25 m²

6

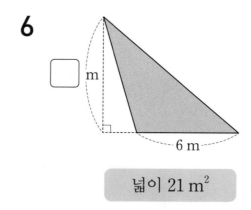

☐ m

6 m

넓이 21 m²

7

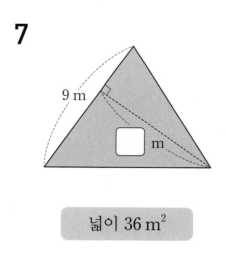

9 m

☐ m

넓이 36 m²

8

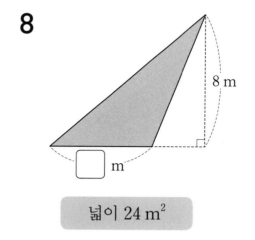

8 m

☐ m

넓이 24 m²

영역별 반복집중학습 프로그램

도형·측정편

27a

삼각형의 넓이 구하기

이름 :

날짜 :

시간 : : ~ :

🐸 **삼각형의 넓이 비교하기**

★ 밑변의 길이와 높이가 각각 같은 삼각형의 넓이를 비교해 보세요.

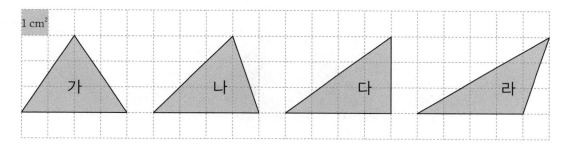

1 아래의 표를 완성해 보세요.

삼각형	가	나	다	라
밑변의 길이(cm)	4		4	
높이(cm)	3	3		
넓이(cm²)				

2 삼각형 가, 나, 다, 라는 넓이가 모두 같은가요, 다른가요?

(   )

3 위의 결과를 보고 알 수 있는 사실을 ☐ 안에 알맞은 말을 써넣어 완성해 보세요.

삼각형은 밑변의 길이와 ☐이/가 각각 같으면 모양이 달라도 ☐이/가 모두 같습니다.

4 삼각형의 넓이가 다른 하나를 찾아 기호를 써 보세요.

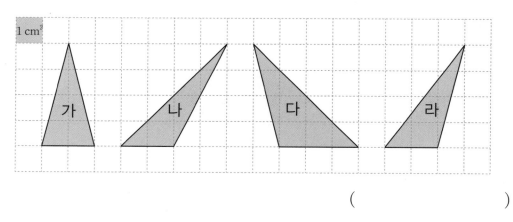

(   )

5 아래에 제시된 삼각형과 밑변의 길이, 높이, 넓이가 같고 모양이 다른 삼각형을 1개 그려 보세요.

(1)

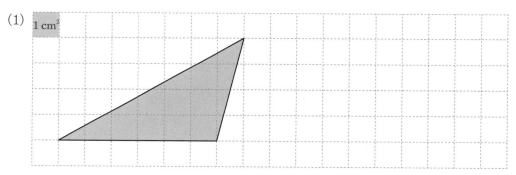

(2)

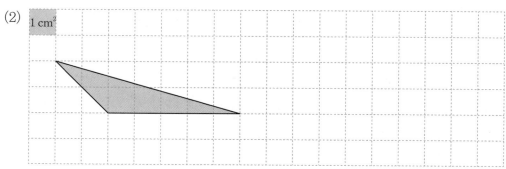

마름모의 넓이 구하기

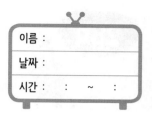
이름 :

날짜 :

시간 :   :   ~   :

🐸 마름모의 대각선과 넓이의 개념 알아보기

★ 보기 와 같이 마름모의 대각선을 모두 표시해 보세요.

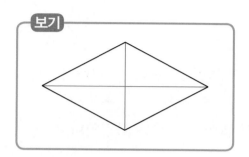
보기

1
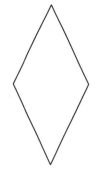

2
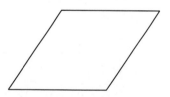

3
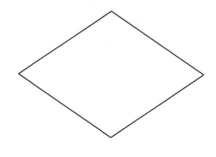

4
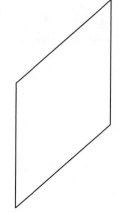

★ 마름모의 넓이를 구하는 과정입니다. 보기 에서 알맞은 말을 골라 ◯ 안에 써넣으세요.

보기

한 대각선의 길이   높이   평행사변형   직사각형

5 삼각형으로 잘라서 넓이를 구하는 과정입니다.

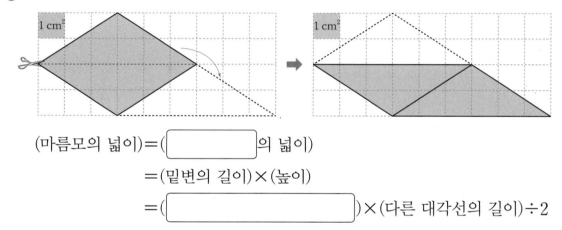

(마름모의 넓이)=([   ]의 넓이)

=(밑변의 길이)×(높이)

=([   ])×(다른 대각선의 길이)÷2

6 직사각형을 이용하여 넓이를 구하는 과정입니다.

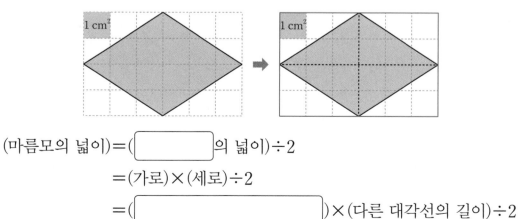

(마름모의 넓이)=([   ]의 넓이)÷2

=(가로)×(세로)÷2

=([   ])×(다른 대각선의 길이)÷2

마름모의 넓이 구하기

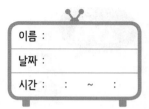
이름 :
날짜 :
시간 :   :   ~   :

🐸 마름모의 넓이 구하기 ①

★ 마름모의 넓이를 구하려고 합니다. ☐ 안에 알맞은 수를 써넣으세요.

1

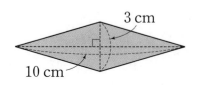

3 cm

10 cm

$10 \times \boxed{3} \div \boxed{2} = \boxed{15} \ (\text{cm}^2)$

2

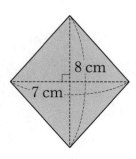

8 cm

7 cm

$\boxed{} \times 8 \div \boxed{} = \boxed{} \ (\text{cm}^2)$

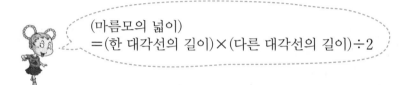
(마름모의 넓이)
＝(한 대각선의 길이)×(다른 대각선의 길이)÷2

★ 마름모의 넓이를 구해 보세요.

3

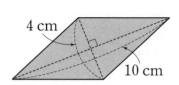

4 cm

10 cm

$\boxed{} \text{cm}^2$

4

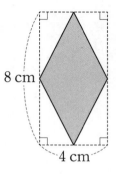

8 cm

4 cm

$\boxed{} \text{cm}^2$

★ 마름모의 넓이를 구하려고 합니다. ☐ 안에 알맞은 수를 써넣으세요.

5

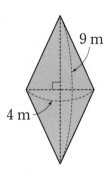

$4 \times \boxed{} \div \boxed{} = \boxed{}$ (m^2)

6

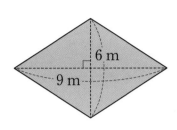

$\boxed{} \times 6 \div \boxed{} = \boxed{}$ (m^2)

★ 마름모의 넓이를 구해 보세요.

7

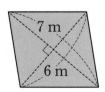

$\boxed{}$ m^2

8

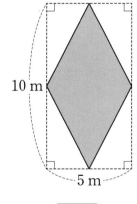

$\boxed{}$ m^2

영역별 반복집중학습 프로그램

도형·측정편

30a

마름모의 넓이 구하기

이름 :

날짜 :

시간 :   :   ~   :

🐸 마름모의 넓이 구하기 ②

★ 마름모의 넓이를 구해 보세요.

1

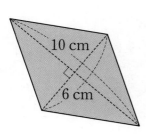

10 cm

6 cm

[   ] cm²

2

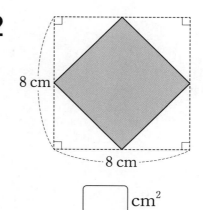

8 cm

8 cm

[   ] cm²

3

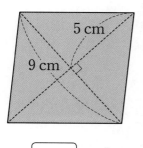

5 cm

9 cm

[   ] cm²

4

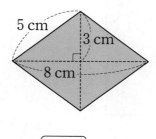

5 cm

3 cm

8 cm

[   ] cm²

14과정 다각형의 둘레와 넓이

★ 마름모의 넓이를 구해 보세요.

5

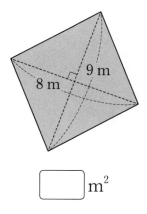

9 m

8 m

☐ m²

6

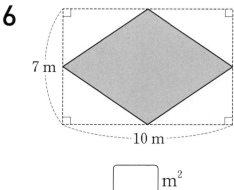

7 m

10 m

☐ m²

7

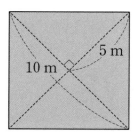

5 m

10 m

☐ m²

8

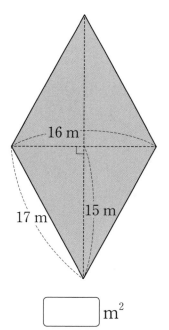

16 m

17 m

15 m

☐ m²

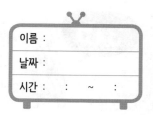

영역별 반복집중학습 프로그램

도형·측정편

31a

마름모의 넓이 구하기

이름 :

날짜 :

시간 :   :   ~   :

🐸 마름모의 한 대각선의 길이 구하기

★ 마름모의 한 대각선의 길이를 구해 보세요.

1

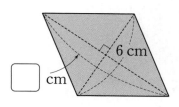

☐ cm   6 cm

넓이 27 cm²

2

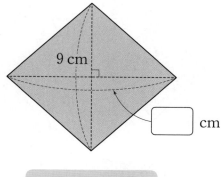

9 cm   ☐ cm

넓이 45 cm²

3

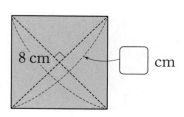

8 cm   ☐ cm

넓이 32 cm²

4

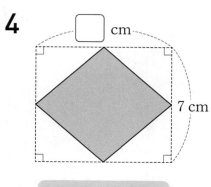

☐ cm   7 cm

넓이 28 cm²

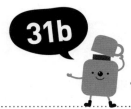

★ 마름모의 한 대각선의 길이를 구해 보세요.

5

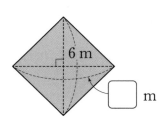

6 m

☐ m

넓이 18 m²

6

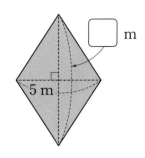

☐ m

5 m

넓이 20 m²

7

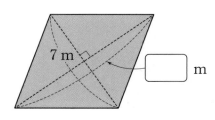

7 m

☐ m

넓이 35 m²

8

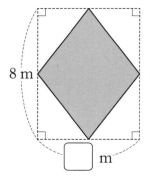

8 m

☐ m

넓이 24 m²

기탄영역별수학 | 도형·측정편

도형·측정편

32a

사다리꼴의 넓이 구하기

이름 :
날짜 :
시간 :   :   ~   :

🐸 사다리꼴의 밑변, 윗변, 아랫변, 높이와 넓이의 개념 알아보기

★ 보기와 같이 사다리꼴의 윗변, 아랫변, 높이를 표시해 보세요.

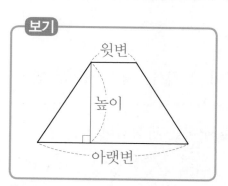

보기

사다리꼴에서 평행한 두 변을 밑변이라 하고, 한 밑변을 윗변, 다른 밑변을 아랫변이라고 합니다. 이때 두 밑변 사이의 거리를 높이라고 합니다.

1

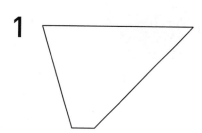

2

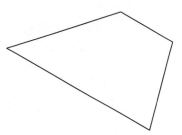

3

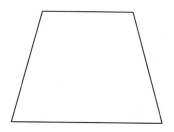

4

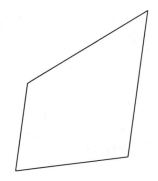

★ 사다리꼴의 넓이를 구하는 과정입니다. 보기 에서 알맞은 말을 골라 ◯ 안에 써넣으세요.

> **보기**
> 높이   한 대각선의 길이   직사각형   평행사변형

5 사다리꼴 2개를 이용하여 넓이를 구하는 과정입니다.

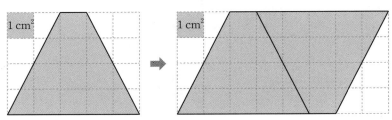

(사다리꼴의 넓이)=([   ] 의 넓이)÷2

＝(평행사변형의 밑변의 길이)×(평행사변형의 높이)÷2

＝(윗변의 길이＋아랫변의 길이)×([   ])÷2

6 사다리꼴을 잘라서 넓이를 구하는 과정입니다.

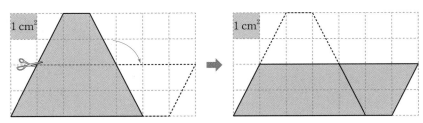

(사다리꼴의 넓이)=([   ] 의 넓이)

＝(평행사변형의 밑변의 길이)×(평행사변형의 높이)

＝(윗변의 길이＋아랫변의 길이)×([   ])÷2

사다리꼴의 넓이 구하기

🐸 사다리꼴의 넓이 구하기 ①

★ 사다리꼴의 넓이를 구하려고 합니다. ☐ 안에 알맞은 수를 써넣으세요.

1

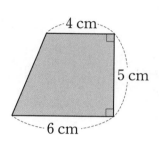

4 cm
5 cm
6 cm

$(4+\boxed{6})\times\boxed{5}\div2=\boxed{25}$ (cm²)

2

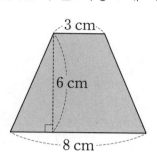

3 cm
6 cm
8 cm

$(\boxed{}+8)\times\boxed{}\div2=\boxed{}$ (cm²)

(사다리꼴의 넓이)
＝(윗변의 길이＋아랫변의 길이)×(높이)÷2

★ 사다리꼴의 넓이를 구해 보세요.

3

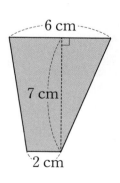

6 cm
7 cm
2 cm

$\boxed{}$ cm²

4

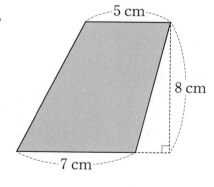

5 cm
8 cm
7 cm

$\boxed{}$ cm²

★ 사다리꼴의 넓이를 구하려고 합니다. ☐ 안에 알맞은 수를 써넣으세요.

5

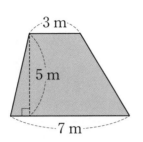

$(3+\boxed{})\times\boxed{}\div2=\boxed{}$ (m^2)

6

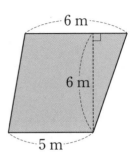

$(\boxed{}+5)\times\boxed{}\div2=\boxed{}$ (m^2)

★ 사다리꼴의 넓이를 구해 보세요.

7

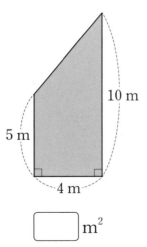

$\boxed{}$ m^2

8

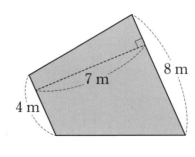

$\boxed{}$ m^2

사다리꼴의 넓이 구하기

🐸 사다리꼴의 넓이 구하기 ②

★ 사다리꼴의 넓이를 구해 보세요.

1

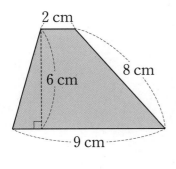

7 cm
8 cm   6 cm

□ cm²

2

5 cm
3 cm
9 cm

□ cm²

3

2 cm
6 cm   8 cm
9 cm

□ cm²

4

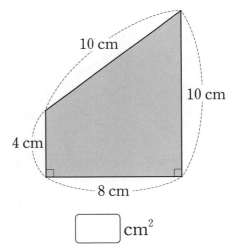

10 cm
10 cm
4 cm
8 cm

□ cm²

★ 사다리꼴의 넓이를 구해 보세요.

5

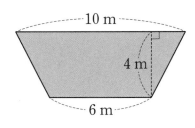

10 m

4 m

6 m

[ ] m²

6

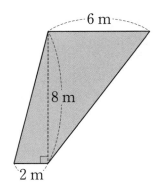

6 m

8 m

2 m

[ ] m²

7

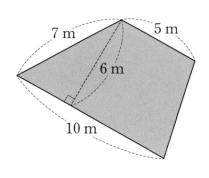

7 m   5 m

6 m

10 m

[ ] m²

8

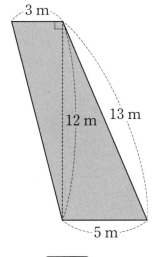

3 m

12 m   13 m

5 m

[ ] m²

기탄영역별수학 | 도형·측정편

도형·측정편

35a

사다리꼴의 넓이 구하기

🐸 사다리꼴의 밑변의 길이와 높이 구하기

★ 사다리꼴의 밑변의 길이와 높이를 구해 보세요.

1

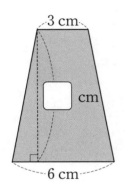

3 cm

☐ cm

6 cm

넓이 36 cm²

2

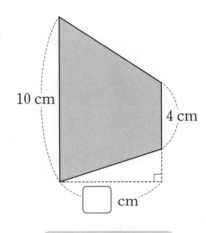

10 cm

4 cm

☐ cm

넓이 42 cm²

3

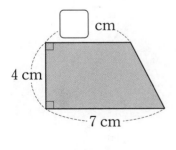

☐ cm

4 cm

7 cm

넓이 24 cm²

4

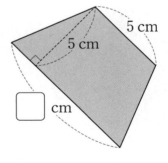

5 cm

5 cm

☐ cm

넓이 35 cm²

★ 사다리꼴의 밑변의 길이와 높이를 구해 보세요.

5

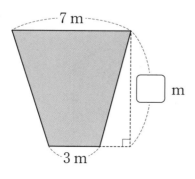

7 m

☐ m

3 m

넓이 35 m²

6

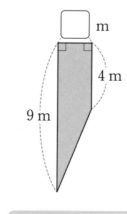

☐ m

4 m

9 m

넓이 13 m²

7

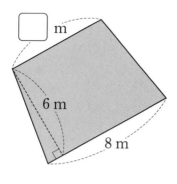

☐ m

6 m

8 m

넓이 42 m²

8

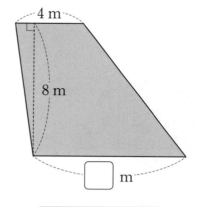

4 m

8 m

☐ m

넓이 52 m²

도형·측정편

36a

사다리꼴의 넓이 구하기

🐸 사다리꼴의 넓이 비교하기

★ 윗변의 길이와 아랫변의 길이의 합과 높이가 각각 같은 사다리꼴의 넓이를 비교해 보세요.

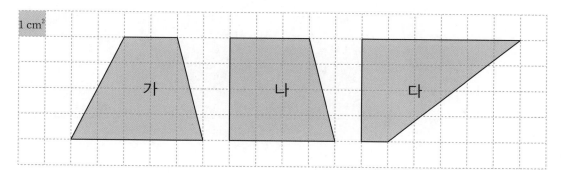

1 아래의 표를 완성해 보세요.

사다리꼴	가	나	다
(윗변의 길이)+(아랫변의 길이)(cm)	7		7
높이(cm)	4	4	
넓이(cm^2)			

2 사다리꼴 가, 나, 다는 넓이가 모두 같은가요, 다른가요?

(   )

3 위의 결과를 보고 알 수 있는 사실을 ⬜ 안에 알맞은 말을 써넣어 완성해 보세요.

> 사다리꼴은 윗변의 길이와 아랫변의 길이의 합과 [   ]이/가
> 각각 같으면 모양이 달라도 [   ]이/가 모두 같습니다.

4 사다리꼴의 넓이가 다른 하나를 찾아 기호를 써 보세요.

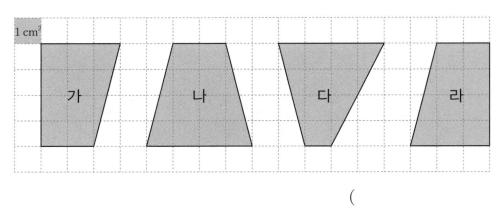

(   )

5 아래에 제시된 사다리꼴과 윗변의 길이와 아랫변의 길이의 합, 높이, 넓이가 같고 모양이 다른 사다리꼴을 1개 그려 보세요.

(1)
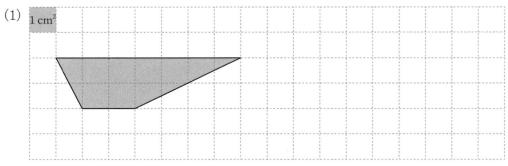

(2)

도형·측정편

37a

다각형의 둘레와 넓이의 활용

이름 :

날짜 :

시간 :   :   ~   :

🐸 다각형의 둘레와 넓이의 활용 ①

★ 넓이가 다른 도형 하나를 찾아 기호를 써 보세요.

1

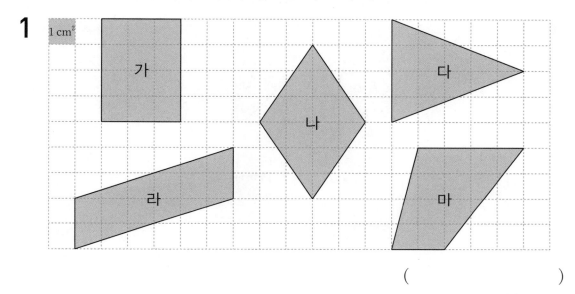

(   )

2

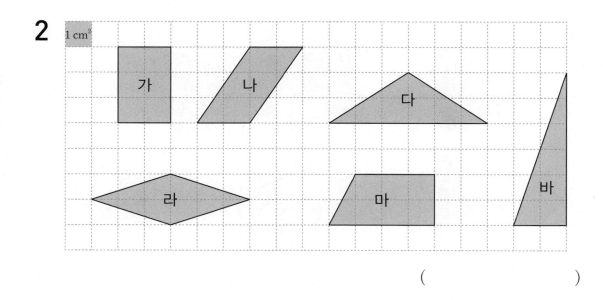

(   )

영역별 반복집중학습 프로그램

★ 넓이가 같은 도형끼리 묶어 기호를 써 보세요.

3

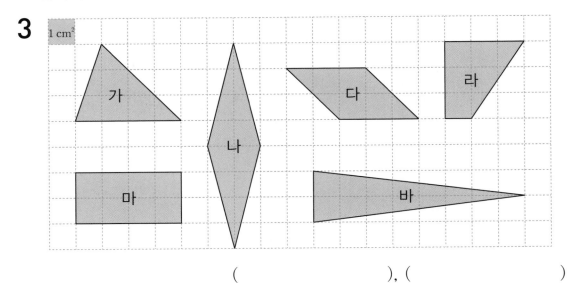

(   ), (   )

4

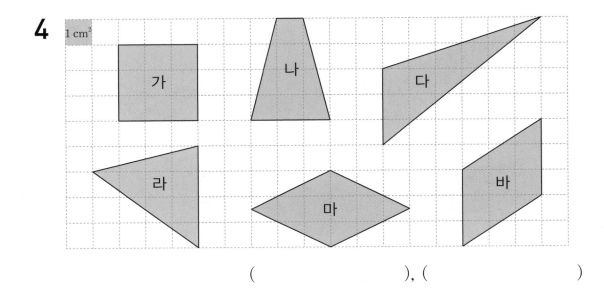

(   ), (   )

도형·측정편

38a

다각형의 둘레와 넓이의 활용

이름 :

날짜 :

시간 :   :   ~   :

🐸 다각형의 둘레와 넓이의 활용 ②

1 한 변의 길이가 4 m인 정사각형 모양의 타일 벽면이 있습니다. 이 타일 벽면의 둘레와 넓이를 구해 보세요.

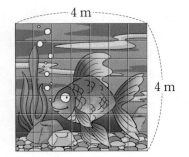

둘레 (   ) m

넓이 (   ) m²

2 슬기의 도서 대출증은 가로가 8 cm, 세로가 5 cm인 직사각형 모양입니다. 슬기의 도서 대출증의 둘레와 넓이를 구해 보세요.

둘레 (   ) cm

넓이 (   ) cm²

3 가로가 400 cm, 세로가 3 m인 직사각형 모양의 고속 국도 표지판이 있습니다. 이 표지판의 넓이를 구해 보세요.

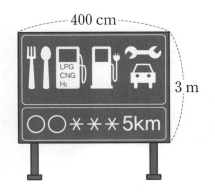

(   ) m²

4 그림과 같은 대형 피라미드 모형을 만들고 있습니다. 삼각형 모양의 한쪽 면을 덮는 데 필요한 재료의 넓이를 구해 보세요.

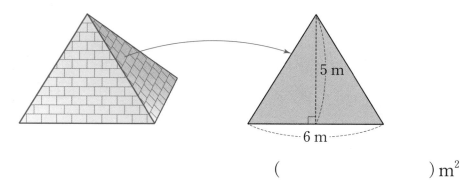

(   ) m^2

5 가오리연의 몸통은 한 대각선의 길이가 25 cm이고, 다른 대각선의 길이는 30 cm인 마름모 모양입니다. 이 가오리연 몸통의 넓이를 구해 보세요.

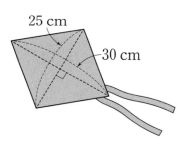

(   ) cm^2

6 그림과 같은 사다리꼴 모양의 텃밭이 있습니다. 이 텃밭의 넓이를 구해 보세요.

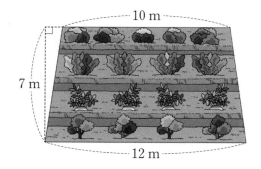

(   ) m^2

도형·측정편

39a

다각형의 둘레와 넓이의 활용

이름 :

날짜 :

시간 :   :   ~   :

🐸 다각형의 둘레와 넓이의 활용 ③

1 둘레가 16 cm인 정사각형을 그려 보세요.

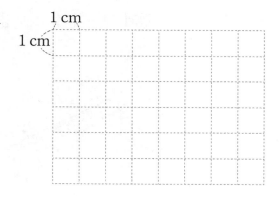

2 주어진 선분을 한 변으로 하고, 둘레가 16 cm인 직사각형을 완성해 보세요.

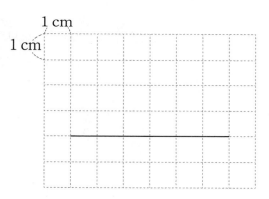

3 주어진 평행사변형과 넓이가 같고 모양이 다른 평행사변형을 1개 그려 보세요.

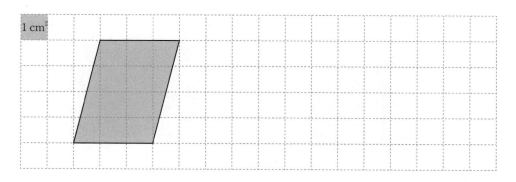

4 주어진 삼각형과 넓이가 같고 모양이 다른 삼각형을 1개 그려 보세요.

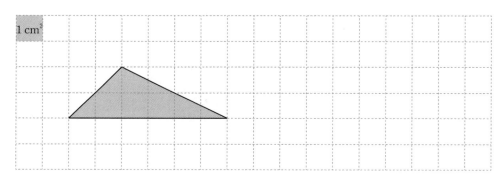

1 cm²

5 주어진 마름모와 넓이가 같고 모양이 다른 마름모를 1개 그려 보세요.

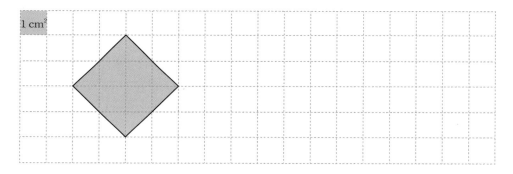

1 cm²

6 주어진 사다리꼴과 넓이가 같고 모양이 다른 사다리꼴을 1개 그려 보세요.

1 cm²

영역별 반복집중학습 프로그램

도형·측정편

40a

이름 :
날짜 :
시간 :   :   ~   :

다각형의 둘레와 넓이의 활용

😊 다각형의 둘레와 넓이의 활용 ④

★ 색칠한 도형의 넓이를 구해 보세요.

1

7 cm
2 cm
7 cm
2 cm

[   ] cm²

2

4 m
9 m
6 m

[   ] m²

3

5 cm
5 cm
8 cm

[   ] cm²

4

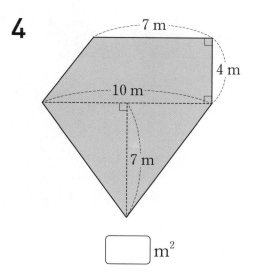

7 m
4 m
10 m
7 m

[   ] m²

영역별 반복집중학습 프로그램

★ 색칠한 도형의 넓이를 구해 보세요.

5

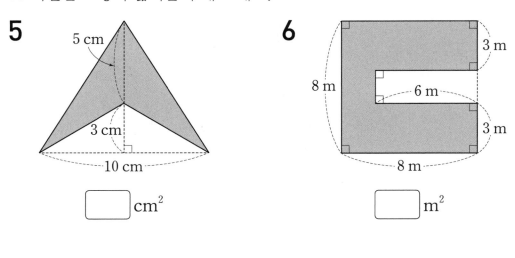

5 cm

3 cm

10 cm

$\boxed{}$ cm²

6

3 m

8 m

6 m

3 m

8 m

$\boxed{}$ m²

7

10 cm

8 cm 4 cm

2 cm

$\boxed{}$ cm²

8

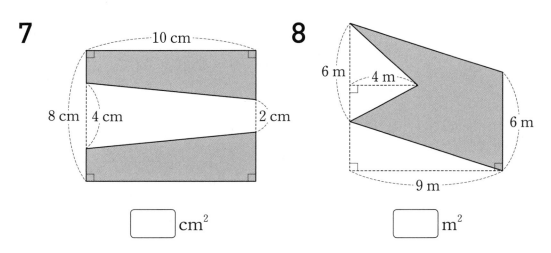

6 m 4 m

6 m

9 m

$\boxed{}$ m²

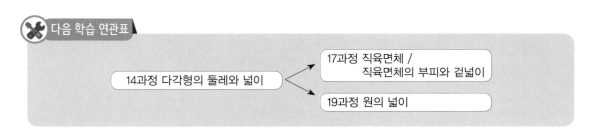

다음 학습 연관표

14과정 다각형의 둘레와 넓이 → 17과정 직육면체 /
직육면체의 부피와 겉넓이

19과정 원의 넓이

기탄영역별수학
도형·측정편

성취도 테스트

14과정 | 다각형의 둘레와 넓이

이름	
실시 연월일	년 　 월 　 일
걸린 시간	분 　 초
오답 수	/ 19

기초부터 탄탄하게 기탄교육

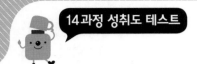
1 빈칸에 알맞은 수를 써넣으세요.

	한 변의 길이(cm)	변의 수(개)	둘레(cm)
정삼각형	3		
정사각형	3		
정오각형	3		

[**2~3**] 도형의 둘레를 구해 보세요.

2 직사각형

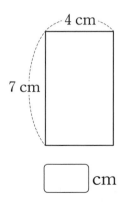

□ cm

3 마름모

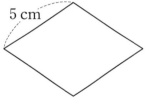

□ cm

4 도형 가, 나, 다의 넓이를 구해 보세요.

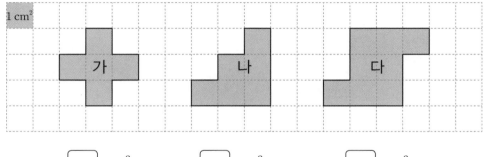

□ cm² □ cm² □ cm²

[5~6] 직사각형의 넓이와 세로를 구해 보세요.

5

5 cm

6 cm

[ ] cm²

6

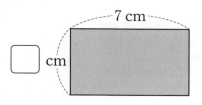

[ ] cm

7 cm

넓이 28 cm²

7 ☐ 안에 알맞은 수를 써넣으세요.

(1) 4 m² = [ ] cm²

(2) 90000 cm² = [ ] m²

(3) 7 km² = [ ] m²

(4) 8000000 m² = [ ] km²

[8~9] 직사각형의 넓이를 구해 보세요.

8

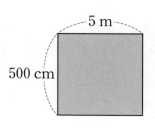

5 m

500 cm

[ ] m²

9

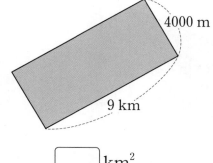

4000 m

9 km

[ ] km²

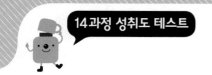

영역별 반복집중학습 프로그램
도형·측정편

[**10~11**] 평행사변형의 넓이와 높이를 구해 보세요.

10

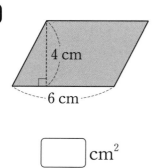

4 cm
6 cm

☐ cm²

11

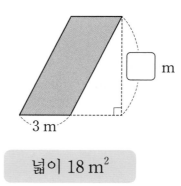

m
3 m

넓이 18 m²

[**12~13**] 삼각형의 넓이와 밑변의 길이를 구해 보세요.

12

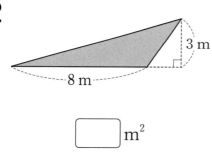

3 m
8 m

☐ m²

13

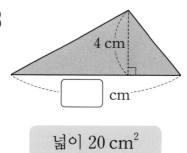

4 cm
☐ cm

넓이 20 cm²

[**14~15**] 마름모의 넓이와 한 대각선의 길이를 구해 보세요.

14

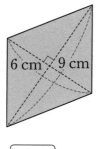

6 cm 9 cm

☐ cm²

15

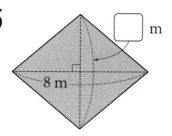

m
8 m

넓이 28 m²

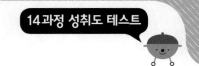

[**16**~**17**] 사다리꼴의 넓이와 높이를 구해 보세요.

16

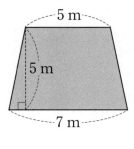

5 m
5 m
7 m

☐ m²

17

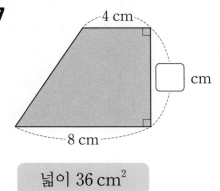

4 cm
☐ cm
8 cm

넓이 36 cm²

[**18**~**19**] 색칠한 도형의 넓이를 구해 보세요.

18

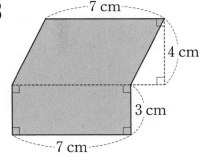

7 cm
4 cm
3 cm
7 cm

☐ cm²

19

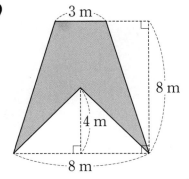

3 m
8 m
4 m
8 m

☐ m²

성취도 테스트 결과표

14과정 | 다각형의 둘레와 넓이

번호	평가 요소	평가 내용	결과(O, X)	관련 내용
1	정다각형의 둘레 구하기	정다각형의 둘레를 구할 수 있는지 확인하는 문제입니다.		1a
2	사각형의 둘레 구하기	직사각형의 둘레를 구할 수 있는지 확인하는 문제입니다.		4a
3		마름모의 둘레를 구할 수 있는지 확인하는 문제입니다.		6a
4	1 cm² 알아보기	넓이의 단위인 1 cm²를 이해하고 이를 이용하여 문제를 풀 수 있는지 확인하는 문제입니다.		9a
5	직사각형의 넓이 구하기	직사각형의 넓이를 구할 수 있는지 확인하는 문제입니다.		11a
6		직사각형의 넓이가 주어졌을 때, 세로를 구할 수 있는지 확인하는 문제입니다.		12a
7	1 m², 1 km² 알아보기	1 m²와 1 km²를 알고, cm²와 m², m²와 km² 사이의 관계를 알고 있는지 확인하는 문제입니다.		14a
8		길이의 단위가 다를 때, 주어진 넓이의 단위로 직사각형의 넓이를 구할 수 있는지 확인하는 문제입니다.		15b
9				15b
10	평행사변형의 넓이 구하기	평행사변형의 넓이를 구할 수 있는지 확인하는 문제입니다.		19a
11		평행사변형의 넓이가 주어졌을 때, 높이를 구할 수 있는지 확인하는 문제입니다.		21a
12	삼각형의 넓이 구하기	삼각형의 넓이를 구할 수 있는지 확인하는 문제입니다.		24a
13		삼각형의 넓이가 주어졌을 때, 밑변의 길이를 구할 수 있는지 확인하는 문제입니다.		26a
14	마름모의 넓이 구하기	마름모의 넓이를 구할 수 있는지 확인하는 문제입니다.		29a
15		마름모의 넓이가 주어졌을 때, 한 대각선의 길이를 구할 수 있는지 확인하는 문제입니다.		31a
16	사다리꼴의 넓이 구하기	사다리꼴의 넓이를 구할 수 있는지 확인하는 문제입니다.		33a
17		사다리꼴의 넓이가 주어졌을 때, 높이를 구할 수 있는지 확인하는 문제입니다.		35a
18	다각형의 둘레와 넓이의 활용	평행사변형의 넓이와 직사각형의 넓이를 더하여 색칠한 도형의 넓이를 구할 수 있는지 확인하는 문제입니다.		40a
19		사다리꼴의 넓이에서 삼각형의 넓이를 빼서 색칠한 도형의 넓이를 구할 수 있는지 확인하는 문제입니다.		40b

평가 기준

평가	□ A등급(매우 잘함)	□ B등급(잘함)	□ C등급(보통)	□ D등급(부족함)
오답 수	0~2	3~4	5~6	7~

• A, B등급: 다음 교재를 시작하세요.
• C등급: 틀린 부분을 다시 한번 더 공부한 후, 다음 교재를 시작하세요.
• D등급: 본 교재를 다시 구입하여 복습한 후, 다음 교재를 시작하세요.

1ab

1 7, 7, 7, 21 / 7, 3, 21
2 6, 6, 6, 6, 24 / 6, 4, 24
3 5, 5, 5, 5, 5, 25 / 5, 5, 25
4 6, 6, 36   **5** 5, 7, 35
6 5, 8, 40   **7** 4, 9, 36

〈풀이〉

※ 정다각형의 둘레를 구하려면, 정다각형을 둘러싼 변의 길이를 모두 더하거나 정다각형의 한 변의 길이에 변의 수를 곱하면 됩니다.

2ab

1 32   **2** 30   **3** 24   **4** 27
5 30   **6** 28   **7** 27   **8** 28

3ab

1 6   **2** 3   **3** 5   **4** 3
5 4   **6** 2   **7** 2   **8** 5

4ab

1 7, 6, 26   **2** 4, 8, 24
3 6, 3, 18   **4** 5, 9, 28
5 22   **6** 30
7 26   **8** 26

5ab

1 6, 5, 22   **2** 3, 8, 22
3 5, 9, 28   **4** 7, 6, 26
5 24   **6** 22
7 24   **8** 26

6ab

1 8, 4, 32   **2** 4, 4, 16
3 6, 4, 24   **4** 9, 4, 36
5 12   **6** 20
7 28   **8** 40

7ab

1 2   **2** 5   **3** 6   **4** 9
5 9   **6** 8   **7** 7   **8** 6

〈풀이〉

1 (가로)+(세로)=26÷2=13 (cm)
　　□+11=13, □=2

2 (가로)+(세로)=24÷2=12 (cm)
　　7+□=12, □=5

3 (가로)+(세로)=28÷2=14 (cm)
　　□+8=14, □=6

4 (가로)+(세로)=24÷2=12 (cm)
　　3+□=12, □=9

5 (한 변의 길이)+(다른 한 변의 길이)
　　=26÷2=13 (cm)
　　□+4=13, □=9

6 (한 변의 길이)+(다른 한 변의 길이)
　　=28÷2=14 (cm)
　　6+□=14, □=8

7 (한 변의 길이)×4=28 (cm)
　　□×4=28, □=7

8 (한 변의 길이)×4=24 (cm)
　　□×4=24, □=6

8ab

1 4 제곱센티미터   **2** 6 제곱센티미터
3 7 제곱센티미터   **4** 9 제곱센티미터
5 2 cm^2 **6** 3 cm^2
7 5 cm^2 **8** 8 cm^2

〈풀이〉

※ 넓이를 나타낼 때 한 변의 길이가 1 cm인 정사각형의 넓이를 단위로 사용할 수 있습니다. 이 정사각형의 넓이를 1 cm^2라 쓰고, 1 제곱센티미터라고 읽습니다.

9ab

1 (1) 4, 4 (2) 5, 5 **2** 10, 9
3 가, 바 **4** 나, 마

〈풀이〉

3 가 6 cm², 나 7 cm², 다 5 cm²,
라 4 cm², 마 5 cm², 바 6 cm²

4 가 6 cm², 나 7 cm², 다 8 cm²,
라 8 cm², 마 7 cm², 바 9 cm²

10ab

1 (1) 7, 3 (2) 7, 3, 21
2 (1) 5 (2) 5, 5, 25
3

2	3	4
4	4	4
8	12	16

4 가로, 세로 **5** 한 변의 길이

11ab

1 5, 7, 35 **2** 4, 4, 16 **3** 24
4 100 **5** 18 **6** 25
7 24 **8** 121

12ab

1 3 **2** 6 **3** 6 **4** 9
5 8 **6** 10 **7** 3 **8** 7

〈풀이〉

1 $\square \times 9 = 27$, $\square = 3$

2 $7 \times \square = 42$, $\square = 6$

3 $6 \times \square = 36$, $\square = 6$

4 $\square \times 9 = 81$, $\square = 9$

5 $\square \times 5 = 40$, $\square = 8$

6 $7 \times \square = 70$, $\square = 10$

7 $3 \times \square = 9$, $\square = 3$

8 $\square \times 7 = 49$, $\square = 7$

13ab

1 2 제곱미터 **2** 7 제곱미터
3 5 제곱킬로미터 **4** 9 제곱킬로미터
5 3 m^2 **6** 8 m^2
7 4 km^2 **8** 6 km^2

〈풀이〉

※ 넓이를 나타낼 때 한 변의 길이가 1 m인 정사각형의 넓이를 단위로 사용할 수 있습니다. 이 정사각형의 넓이를 1 m²라 쓰고, 1 제곱미터라고 읽습니다.
또, 넓이를 나타낼 때 한 변의 길이가 1 km인 정사각형의 넓이를 단위로 사용할 수 있습니다. 이 정사각형의 넓이를 1 km²라 쓰고, 1 제곱킬로미터라고 읽습니다.

14ab

1 30000 **2** 60000
3 70000 **4** 90000
5 2 **6** 4
7 5 **8** 8
9 2000000 **10** 4000000
11 7000000 **12** 8000000
13 3 **14** 5
15 6 **16** 9

15ab

1 32, 320000 **2** 54, 540000
3 49, 49000000 **4** 72, 72000000
5 36 **6** 45 **7** 56 **8** 40

〈풀이〉

5 600 cm=6 m ⇨ $6 \times 6 = 36$ (m²)

6 9000 m=9 km ⇨ $5 \times 9 = 45$ (km²)

7 700 cm=7 m ⇨ $8 \times 7 = 56$ (m²)

8 4000 m=4 km ⇨ $4 \times 10 = 40$ (km²)

16ab

1 ㉡	**2** ㉠	**3** ㉡	**4** ㉠
5 ㉡	**6** ㉡	**7** ㉠	**8** ㉠
9 ㉡	**10** ㉡		

〈풀이〉

1 10 m²=100000 cm²
100<100000이므로 10 m²가 더 넓습니다.

2 50000 cm²=5 m²
5>3이므로 50000 cm²가 더 넓습니다.

3 6 m²=60000 cm²
7000<60000이므로 6 m²가 더 넓습니다.

6 30 km²=30000000 m²
200<30000000이므로 30 km²가 더 넓습니다.

7 5000000 m²=5 km²
5>4이므로 5000000 m²가 더 넓습니다.

8 70000000 m²=70 km²
70>8이므로 70000000 m²가 더 넓습니다.

9 6 km²=6000000 m²
60000<6000000이므로 6 km²가 더 넓습니다.

17ab

1 cm²	**2** m²	**3** km²	**4** m²
5 km²	**6** cm²	**7** m²	**8** m²
9 cm²	**10** m²	**11** km²	**12** cm²
13 m²	**14** km²		

18ab

1 〈예〉
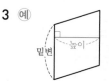

2 〈예〉

3 〈예〉

밑변 높이

4 〈예〉

높이 밑변

5 직사각형, 높이

6 직사각형, 밑변의 길이

19ab

1 7, 6, 42	**2** 4, 8, 32
3 40	**4** 30
5 7, 4, 28	**6** 3, 8, 24
7 30	**8** 54

20ab

1 63	**2** 16	**3** 36	**4** 120
5 35	**6** 40	**7** 27	**8** 60

21ab

1 9	**2** 6	**3** 7	**4** 10
5 11	**6** 3	**7** 7	**8** 9

〈풀이〉

1 6×□=54, □=9

2 □×4=24, □=6

3 3×□=21, □=7

4 □×7=70, □=10

5 5×□=55, □=11

6 □×5=15, □=3

7 8×□=56, □=7

8 □×2=18, □=9

22ab

1

3	3	3	3
4	4	4	4
12	12	12	12

2 같습니다
3 높이, 넓이
4 다
5 (1) 예

(2) 예

23ab

1 예 **2** 예

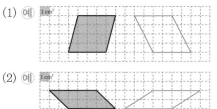

3 예

4 예

5 평행사변형, 높이
6 평행사변형, 밑변의 길이

24ab

1 6, 2, 27		**2** 5, 2, 10	
3 18		**4** 28	
5 4, 2, 16		**6** 4, 2, 12	
7 20		**8** 18	

25ab

1 15	**2** 32	**3** 28	**4** 30
5 24	**6** 35	**7** 21	**8** 42

26ab

1 7	**2** 4	**3** 6	**4** 10
5 10	**6** 7	**7** 8	**8** 6

〈풀이〉

1 $8 \times \square \div 2 = 28$, $8 \times \square = 56$, $\square = 7$
2 $\square \times 7 \div 2 = 14$, $\square \times 7 = 28$, $\square = 4$
3 $\square \times 9 \div 2 = 27$, $\square \times 9 = 54$, $\square = 6$
4 $3 \times \square \div 2 = 15$, $3 \times \square = 30$, $\square = 10$
5 $\square \times 5 \div 2 = 25$, $\square \times 5 = 50$, $\square = 10$
6 $6 \times \square \div 2 = 21$, $6 \times \square = 42$, $\square = 7$
7 $9 \times \square \div 2 = 36$, $9 \times \square = 72$, $\square = 8$
8 $\square \times 8 \div 2 = 24$, $\square \times 8 = 48$, $\square = 6$

27ab

1

4	4	4	4
3	3	3	3
6	6	6	6

2 같습니다 **3** 높이, 넓이
4 다
5 (1) 예

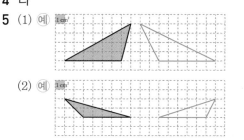

(2) 예

〈풀이〉

4 주어진 삼각형들은 높이는 모두 같고, 밑변의 길이가 삼각형 다만 다르므로 넓이가 다른 하나는 다입니다.

28ab

1   **2**

3 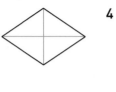   **4**

5 평행사변형, 한 대각선의 길이
6 직사각형, 한 대각선의 길이

29ab

1 3, 2, 15   **2** 7, 2, 28
3 20   **4** 16
5 9, 2, 18   **6** 9, 2, 27
7 21   **8** 25

30ab

1 30   **2** 32   **3** 45   **4** 24
5 36   **6** 35   **7** 50   **8** 240

〈풀이〉
4 한 대각선이 8 cm이고 다른 대각선은 (3×2) cm입니다. $\Rightarrow 8\times(3\times2)\div2=24 \ (\text{cm}^2)$

8 한 대각선이 16 m이고 다른 대각선은 (15×2) m입니다. $\Rightarrow 16\times(15\times2)\div2=240 \ (\text{m}^2)$

31ab

1 9   **2** 10   **3** 8   **4** 8
5 6   **6** 8   **7** 10   **8** 6

〈풀이〉
1 $\square\times6\div2=27$, $\square\times6=54$, $\square=9$
2 $\square\times9\div2=45$, $\square\times9=90$, $\square=10$
3 $8\times\square\div2=32$, $8\times\square=64$, $\square=8$

4 $\square\times7\div2=28$, $\square\times7=56$, $\square=8$
5 $\square\times6\div2=18$, $\square\times6=36$, $\square=6$
6 $5\times\square\div2=20$, $5\times\square=40$, $\square=8$
7 $7\times\square\div2=35$, $7\times\square=70$, $\square=10$
8 $\square\times8\div2=24$, $\square\times8=48$, $\square=6$

32ab

1 (예)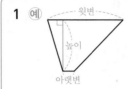

2 (예)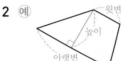

3 (예)

4 (예)

5 평행사변형, 높이
6 평행사변형, 높이

33ab

1 6, 5, 25   **2** 3, 6, 33
3 28   **4** 48
5 7, 5, 25   **6** 6, 6, 33
7 30   **8** 42

〈풀이〉
4 $(5+7)\times8\div2=48 \ (\text{cm}^2)$

8 $(4+8)\times7\div2=42 \ (\text{m}^2)$

34ab

1 49	**2** 21	**3** 33	**4** 56
5 32	**6** 32	**7** 45	**8** 48

35ab

1 8	**2** 6	**3** 5	**4** 9
5 7	**6** 2	**7** 6	**8** 9

〈풀이〉

1 $(3+6)\times\square\div2=36$, $9\times\square\div2=36$, $9\times\square=72$, $\square=8$

2 $(10+4)\times\square\div2=42$, $14\times\square\div2=42$, $14\times\square=84$, $\square=6$

3 $(\square+7)\times4\div2=24$, $(\square+7)\times4=48$, $\square+7=12$, $\square=5$

4 $(5+\square)\times5\div2=35$, $(5+\square)\times5=70$, $5+\square=14$, $\square=9$

5 $(7+3)\times\square\div2=35$, $10\times\square\div2=35$, $10\times\square=70$, $\square=7$

6 $(9+4)\times\square\div2=13$, $13\times\square\div2=13$, $13\times\square=26$, $\square=2$

7 $(\square+8)\times6\div2=42$, $(\square+8)\times6=84$, $\square+8=14$, $\square=6$

8 $(4+\square)\times8\div2=52$, $(4+\square)\times8=104$, $4+\square=13$, $\square=9$

36ab

1

7	7	7
4	4	4
14	14	14

2 같습니다
3 높이, 넓이
4 나

5 (1) 예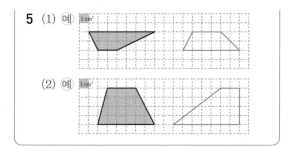

(2) 예

37ab

1 다
2 마
3 가, 다, 라 / 나, 마, 바
4 가, 다, 마, 바 / 나, 라

〈풀이〉

1 가 $3\times4=12\ (\text{cm}^2)$
　나 $4\times6\div2=12\ (\text{cm}^2)$
　다 $4\times5\div2=10\ (\text{cm}^2)$
　라 $2\times6=12\ (\text{cm}^2)$
　마 $(4+2)\times4\div2=12\ (\text{cm}^2)$

2 가 $2\times3=6\ (\text{cm}^2)$
　나 $2\times3=6\ (\text{cm}^2)$
　다 $6\times2\div2=6\ (\text{cm}^2)$
　라 $6\times2\div2=6\ (\text{cm}^2)$
　마 $(3+4)\times2\div2=7\ (\text{cm}^2)$
　바 $2\times6\div2=6\ (\text{cm}^2)$

3 가 $4\times3\div2=6\ (\text{cm}^2)$
　나 $2\times8\div2=8\ (\text{cm}^2)$
　다 $3\times2=6\ (\text{cm}^2)$
　라 $(3+1)\times3\div2=6\ (\text{cm}^2)$
　마 $4\times2=8\ (\text{cm}^2)$
　바 $2\times8\div2=8\ (\text{cm}^2)$

4 가 $3\times3=9\ (\text{cm}^2)$
　나 $(1+3)\times4\div2=8\ (\text{cm}^2)$
　다 $3\times6\div2=9\ (\text{cm}^2)$
　라 $4\times4\div2=8\ (\text{cm}^2)$
　마 $6\times3\div2=9\ (\text{cm}^2)$
　바 $3\times3=9\ (\text{cm}^2)$

38ab

1 16, 16	**2** 26, 40
3 12	**4** 15
5 375	**6** 77

〈풀이〉

1 둘레: $4 \times 4 = 16$ (m)
  넓이: $4 \times 4 = 16$ (m²)

2 둘레: $(8+5) \times 2 = 26$ (cm)
  넓이: $8 \times 5 = 40$ (cm²)

3 400 cm = 4 m ⇨ $4 \times 3 = 12$ (m²)

4 $6 \times 5 \div 2 = 15$ (m²)

5 $30 \times 25 \div 2 = 375$ (cm²)

6 $(10+12) \times 7 \div 2 = 77$ (m²)

39ab

1

2

3 (예)

4 (예)

5 (예)

6 (예)

〈풀이〉

1 둘레가 16 cm인 정사각형의 한 변의 길이
는 $16 \div 4 = 4$ (cm)입니다. 따라서 한 변의
길이가 4 cm인 정사각형을 그리면 됩니다.

2 둘레가 16 cm인 직사각형의 (가로)+(세로)
는 $16 \div 2 = 8$ (cm)입니다. 가로가 6 cm이므
로 세로가 2 cm가 되도록 직사각형을 그리
면 됩니다.

3 주어진 평행사변형의 넓이가 $3 \times 4 = 12$ (cm²)
이므로, 밑변의 길이와 높이를 곱하여 12
가 되는 여러 가지 모양의 평행사변형을 그
리면 됩니다.

4 주어진 삼각형의 넓이가 $6 \times 2 \div 2 = 6$ (cm²)
이므로, 밑변의 길이와 높이를 곱하여 12가
되는 여러 가지 모양의 삼각형을 그리면 됩
니다.

5 주어진 마름모의 넓이가 $4 \times 4 \div 2 = 8$ (cm²)
이므로, 두 대각선의 길이를 곱하여 16이
되는 여러 가지 모양의 마름모를 그리면 됩
니다.

6 주어진 사다리꼴의 넓이가 $(2+4) \times 4 \div 2$
$= 12$ (cm²)이므로, 윗변의 길이와 아랫변의
길이의 합과 높이를 곱하여 24가 되는 여
러 가지 모양의 사다리꼴을 그리면 됩니다.

40ab

1 28	**2** 45	**3** 60	**4** 69
5 25	**6** 52	**7** 50	**8** 42

〈풀이〉

1
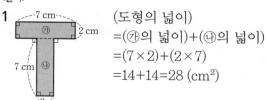

(도형의 넓이)
=(㉮의 넓이)+(㉯의 넓이)
=$(7 \times 2)+(2 \times 7)$
=$14+14 = 28$ (cm²)

2

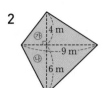

(도형의 넓이)=(㉠의 넓이)+(㉡의 넓이)
$$=(9\times4\div2)+(9\times6\div2)$$
$$=18+27=45 \ (\text{m}^2)$$

3

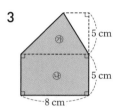

(도형의 넓이)=(㉠의 넓이)+(㉡의 넓이)
$$=(8\times5\div2)+(8\times5)$$
$$=20+40=60 \ (\text{cm}^2)$$

4

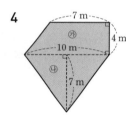

(㉠의 넓이)
$$=(7+10)\times4\div2=34 \ (\text{m}^2)$$
(㉡의 넓이)
$$=10\times7\div2=35 \ (\text{m}^2)$$

(도형의 넓이)=(㉠의 넓이)+(㉡의 넓이)
$$=34+35=69 \ (\text{m}^2)$$

5 (큰 삼각형의 넓이)$=10\times(5+3)\div2=40 \ (\text{cm}^2)$
(작은 삼각형의 넓이)$=10\times3\div2=15 \ (\text{cm}^2)$
(도형의 넓이)=(큰 삼각형의 넓이)
$$-(\text{작은 삼각형의 넓이})$$
$$=40-15=25 \ (\text{cm}^2)$$

6 (정사각형의 넓이)$=8\times8=64 \ (\text{m}^2)$
(직사각형의 넓이)$=6\times(8-3-3)=12 \ (\text{m}^2)$
(도형의 넓이)=(정사각형의 넓이)
$$-(\text{직사각형의 넓이})$$
$$=64-12=52 \ (\text{m}^2)$$

7 (직사각형의 넓이)$=10\times8=80 \ (\text{cm}^2)$
(사다리꼴의 넓이)$=(2+4)\times10\div2$
$$=30 \ (\text{cm}^2)$$

(도형의 넓이)=(직사각형의 넓이)
$$-(\text{사다리꼴의 넓이})$$
$$=80-30=50 \ (\text{cm}^2)$$

8 (평행사변형의 넓이)$=6\times9=54 \ (\text{m}^2)$
(삼각형의 넓이)$=6\times4\div2=12 \ (\text{m}^2)$
(도형의 넓이)=(평행사변형의 넓이)
$$-(\text{삼각형의 넓이})$$
$$=54-12=42 \ (\text{m}^2)$$

성취도 테스트

1

3	3	9
3	4	12
3	5	15

2 22   **3** 20   **4** 5, 6, 8
5 30   **6** 4
7 (1) 40000 (2) 9 (3) 7000000 (4) 8
8 25   **9** 36   **10** 24
11 6   **12** 12   **13** 10
14 27   **15** 7   **16** 30
17 6   **18** 49   **19** 28

〈풀이〉

13 $\square\times4\div2=20$, $\square\times4=40$, $\square=10$

17 $(4+8)\times\square\div2=36$, $12\times\square\div2=36$,
$12\times\square=72$, $\square=6$

18 (평행사변형의 넓이)$=7\times4=28 \ (\text{cm}^2)$
(직사각형의 넓이)$=7\times3=21 \ (\text{cm}^2)$
(도형의 넓이)=(평행사변형의 넓이)
$$+(\text{직사각형의 넓이})$$
$$=28+21=49 \ (\text{cm}^2)$$

19 (사다리꼴의 넓이)$=(3+8)\times8\div2$
$$=44 \ (\text{m}^2)$$
(삼각형의 넓이)$=8\times4\div2=16 \ (\text{m}^2)$
(도형의 넓이)=(사다리꼴의 넓이)
$$-(\text{삼각형의 넓이})$$
$$=44-16=28 \ (\text{m}^2)$$